听专家田间讲课

农作物
病虫害防治技术

高丁石　主编

U0238840

中国农业出版社

图书在版编目（CIP）数据

农作物病虫害防治技术／高丁石主编．—北京：中国农业出版社，2017.3（2018.8重印）

（听专家田间讲课）

ISBN 978-7-109-22787-3

Ⅰ．①农… Ⅱ．①高… Ⅲ．①作物-病虫害防治 Ⅳ．①S435

中国版本图书馆 CIP 数据核字(2017)第 045646 号

中国农业出版社出版

（北京市朝阳区麦子店街 18 号楼）

（邮政编码 100125）

责任编辑 张 利 郭银巧

文字编辑 浮双双

北京万友印刷有限公司印刷 新华书店北京发行所发行

2017 年 3 月第 1 版 2018 年 8 月北京第 13 次印刷

开本：787mm×960mm 1/32 印张：8

字数：105 千字

定价：18.00 元

（凡本版图书出现印刷、装订错误，请向出版社发行部调换）

编 委 会

主 编 高丁石　李钦存　李　岩

　　　　李作明　张永刚　王等娣

副 主 编 （以姓氏笔画为序）

　　　　王　华　王海荣　张欢腾

　　　　骆　敏　魏艳丽

编写人员 （以姓氏笔画为序）

　　　　王　华　王海荣　王等娣

　　　　左国富　李　岩　李作明

　　　　李国明　李钦存　李彩霞

　　　　张永刚　张欢腾　张振坤

　　　　骆　敏　席丽敏　高丁石

　　　　程志杰　魏艳丽

出版说明

CHUBAN SHUOMING

　　保障国家粮食安全和实现农业现代化，最终还是要靠农民掌握科学技术的能力和水平。为了提高我国农民的科技水平和生产技能，向农民讲解最基本、最实用、最可操作、最适合农民文化程度、最易于农民掌握的种植业科学知识和技术方法，解决农民在生产中遇到的技术难题，中国农业出版社编辑出版了这套"听专家田间讲课"丛书。

　　把课堂从教室搬到田间，不是我们的最终目的，我们只是想架起专家与农民之间知识和技术传播的桥梁；也许明天会有越来越多的我们的读者走进校园，在教室里聆听教授讲课，接受更系统、更专业的农业生产知识与技术，但是"田间课堂"所讲授的内容，可能会给读者留下些许有用的启示。因为，她更像是一张张贴在村口和地头的明白纸，让你一看就懂，一学就会。

本套丛书选取粮食作物、经济作物、蔬菜和果树等作物种类，一本书讲解一种作物或一种技能。作者站在生产者的角度，结合自己教学、培训和技术推广的实践经验，一方面针对农业生产的现实意义介绍高产栽培方法和标准化生产技术，另一方面考虑到农民种田收入不高的实际问题，提出提高生产效益的有效方法。同时，为了便于读者阅读和掌握书中讲解的内容，我们采取了两种出版形式，一种是图文对照的彩图版图书，另一种是以文字为主、插图为辅的袖珍版口袋书，力求满足从事农业生产和一线技术推广的广大从业者多方面的需求。

期待更多的农民朋友走进我们的田间课堂。

2016 年 6 月

前言

　　随着农业生产水平的不断提高和现代化生产方式的发展，农作物病虫害的发生越来越严重，已成为制约农业生产的重要因素之一，20世纪80年代以来，利用农药来控制病虫害的技术，已成为夺取农业丰收不可缺少的关键技术措施。由于化学农药防治病虫害可节省劳力，达到增产、高效、低成本的目的，特别是在控制危险性、暴发性病虫害时，农药就更显示出其不可取代的作用和重要性。但近些年来化学农药的大量施用，污染了土壤环境，致使农产品中农药残留较多，质量下降，也给人类身体健康带来了危害。

　　农作物病虫害防治和农药的科学使用是一项技术性很强的工作，近年来，我国农药工业发展迅速，许多高效、低毒的新品种、新剂型不断产生，农作物病虫害防治和农药的应用技术也在不断革新，又促使农药不断更新换代。所以说农作物病虫害防治技术也在不断创新和提高。

在应用化学农药防治病虫害时，既要考虑选择有效、安全、经济、方便的品种，力求提高防治效果，也要避免产生药害，进行无公害生产，还要兼顾对土壤环境的保护，防止对自然资源破坏。当前各地在病虫害防治中，还存在着防病治虫时机不及时、方法不科学、药剂选择不当、用药剂量不准、用药不适时、用药方法不正确、见病见虫就用药等许多问题，造成了费工、费药、污染重、有害生物抗药性迅速增强、对作物危害严重的后果。为了宣传普及农药知识和科学防治农作物病虫害，促使农业科技工作者与广大农民朋友及时了解农作物病虫害科学防治技术，更好地为现代农业生产服务，我们组织编写了该书。目的在于发挥好农药在现代农业生产中的积极作用，切实搞好农作物病虫害防治工作，为农业良性循环和可持续发展尽些微薄之力。

本书从介绍农作物病虫害概念、种类、发生为害特点和农药基础知识入手，对农作物病虫害的危害与防治原则以及 20 多种农作物病虫害的适期防治技术进行了阐述，并较全面地论述了当前各地在病虫害防治工作中存在的问题，同时，结合生产实际提出了解决对策与措施。该书以理论和实践相结合为指导原则，较系统地阐述了农作物病虫害的绿色防控技术以及新化学农药在多种农作物上的科学施用技术。本书深入浅出，通俗易懂，可操作性强，可供广大基层农技人员、农药经营者及农民朋友参考使用。

由于编者水平所限，书中不当之处，敬请读者批评指正。

编　者

2017 年 1 月

目录
MULU

第二讲 | 农作物虫害 / 29

第三讲 │ 农药的种类及应用 / 53

第十二讲 │ 花生病虫害适期防治技术 / 123

第十三讲 │ 芝麻病虫害适期防治技术 / 130

第十四讲 │ 油菜病虫害适期防治技术 / 133

第十五讲　西（甜）瓜病虫害适期
防治技术 / 138

第十六讲　设施黄瓜病虫害
适期防治技术 / 143

第二十七讲　当前农作物病虫害防治中存在的主要问题与对策　／ 213

第二十八讲　农作物病虫害绿色防控技术　／ 224

第一讲
农作物病害

一、农作物病害概述

1. 农作物病害的概念 在一定外界环境条件的影响下，农作物在生长、发育、贮藏、运输过程中，受生物或非生物因子的作用，使得农作物在生理和形态上偏离了本身固有的遗传性状，发生了一系列的病理变化，这种变化不是机械的，脱离了它的正常生长发育状态，表现出各种不正常的特征，从而降低了作物及产品对人类的经济价值，这种现象就称为农作物病害。

对作物病害的概念可以从以下 6 个方面去理解：

（1）病原物的侵染或不利的环境条件所引起的不正常和有害的农作物生理变化过程和症状。

（2）农作物在生长发育过程中受到生物因子

或（和）非生物因子的影响，使正常的新陈代谢过程受到干扰和破坏，导致农作物生长偏离正常轨迹，最终影响到农作物的繁衍和生息等，称为农作物病害。

（3）农作物在其生命过程中受寄生物侵害或不良环境影响，在生理、细胞和组织结构上发生一系列病理变化的过程，致使外部形态不正常，引起产量降低、品质变劣或生态环境遭到破坏的现象。

（4）农作物由于致病因素（生物和非生物因素等）的作用，正常的生理和生化功能受到干扰，生长和发育受到影响，因而在生理或组织结构上出现多种病理变化，表现各种不正常状态即病态，甚至死亡，这种现象称农作物病害。

（5）当农作物的生理程序的正常功能发生有害的偏离时，称农作物病害。

（6）病害是能量利用的生理程序中发生一种或数种有规律的连续过程的改变，以致寄主的能量利用丧失协调。

2. 农作物病害的界定 一般来讲，农作物病害概念的界定可根据以下特点：

（1）**农作物病害是根据农作物外观的异常与正常相对而言的** 健康相当于正常，病态相当于异常。

（2）**农作物病害与机械创伤不同** 其区别在于农作物病害有一个生理病变过程，而机械创伤往往是瞬间发生的。

（3）**农作物病害必须具有经济损失观点** 一些没有经济损失的病变不属于病害的范畴。如茭白实际上是黑粉菌侵染而形成的；美丽的郁金香杂色花是病毒侵染所致；韭黄是遮光栽培所致。上述几种情况不但没有经济损失，而且提高了经济价值，故不属病害范畴。

二、农作物病害的类型

农作物病害的种类很多，引起农作物病害发生的原因也很多，包括非生物和生物因素在内，统称为病原。通常根据病原生物的种类分真菌病害、细菌病害、病毒病害、线虫病害以及寄生性种子植物引致的病害等。根据病原物的传播途径分气传病害、土传病害、种传病害以及虫传病害等。根据表现的症状类型分花叶病、斑点病、溃疡病、腐烂病、枯萎病、疫病、癌肿病等。根据农作物的发病部位分根部病害、叶部病害、茎秆病害、花器病害和果实病害等。根据病害流行特点分单年流行病、积年流行病。根据病原物生活史分单循环病害、多循环病害。以上不同的分类方法，都有各自的聚集和交集，但通常根据病原的种类把病害分成非侵染性病害（由非生物引起）和侵染性病害（由生物引起）两大类。通常植物病理学都着重研究后一类，但在病害诊断中，首先要区分这两类病原性质完全不同的病害。

（一）非侵染性病害

农作物的非侵染性病害，是由不适宜的环境条件持续作用所引起的，通常不具有病症，不具有传染性，所以也称为非传染性病害或生理病害。这类病害常见的有：

1. 营养元素缺乏所致的缺素症　土壤氮、磷、钾三要素中若缺氮，就会出现失绿的症状；缺钾会使组织枯死易倒伏；缺磷则影响农作物的生长和引起农作物的变色。同样缺乏其他元素也会出现不同的营养缺（贫）乏症状。

2. 水分不足或过量所引起的旱害和涝害以及渍害 土壤水分不足，会引起植物叶尖、叶缘或叶脉间组织的枯黄。极干旱的情况下会引起植物萎蔫枯死。土壤中水分过多，土壤孔隙间空气被排斥而造成农作物根部的窒息状态，使根变色、凋萎和腐烂。此外，水分供应的剧烈变化有时会造成更大的危害。渍害又称湿害，是指连续降雨或低洼地，土壤水分过多，地下水位高，土壤水饱和区侵及根系密集层，使根系长期缺氧，造成植株生长发育不良而减产。渍害多发生在气温较低的春季。

3. 低温所致的冻害、寒害和高温所致的日灼病害 温度会影响农作物各方面的生命活动。农作物的生长有它的最低、最高和最适的温度范围。温度高低超出植物生长所需范围，就会引起不同程度的损害。而且在自然界中，高温常常与干旱结合，干热风会造成禾谷类作物青干早熟，影响产量。

4. 肥料使用不合理和工厂排出的废水、废气所造成的药害和毒害 如稻田内由于淹水和大量有机肥料的发酵作用，常呈缺氧状态，根部因窒息而受到损伤。在工厂集中的地区，由于燃烧大量煤炭，使空气中含有相当多的二氧化硫气体，使禾谷类作物的叶尖变红或变黄，最后变成枯草色或白色。工厂排出的有害废液（如铜、锌、锰、硫酸、硝酸等），往往也会改变土壤酸碱度和这些化合物在土壤中的浓度，使农作物发生中毒作用。

5. 农药的药害 在使用农药的过程中，往往因种种原因，而导致对果蔬的生长发育、产量、品质产生不利的影响，使其丧失原有的色、香、味，降低品质，造成减产，这就是我们所说农药药害。药害的存在与发生在一定程度上威胁着农业生产的发展，作为农药生产和销售企业，在推广农药前有必要对药剂的特点、作用机理及农药药害产生的相关知识进行了解，降低农药药害的发生概率。根据药害发生快慢，可分为急性型药害、慢性型药害和残留型药害三种。

（1）急性型药害 这种药害具有发生快、症状明显、肉眼可见的特点。一般在施药后几小时到几天内就可出现症状。在作物叶片上表现为出现斑点、焦边、枯边、穿孔、焦灼、卷曲、畸形、枯萎、黄化、厚叶、枯黄、落叶失绿或白化等；在植株整体上表现为生长迟缓、植株矮小、茎秆扭曲、全株枯死。其具体部位受害症状表现是：

①根部受害。表现为根部短粗肥大，根毛稀少，根皮变黄或变厚发脆、腐烂等。

②种子受害。表现为种子不能发芽或发芽迟缓等，这种药害多是由于过量使用农药或使用农药进行种子处理不当所致。

③植株受害。表现为落花、落蕾，果实畸形、变小，出现斑点，褐果、锈果、落果等。

(2) 慢性型药害 这种药害施药后症状不能立即表现出来，具有一定的潜伏性。其特点是发生缓慢，有的症状不明显，多在长时间内表现出生长缓慢、发育不良、开花结果延迟、落果增多、产量降低、品质变劣等。

(3) 残留型药害 这种药害的特点是施药后，当季作物不发生药害，而残留在土壤中的药剂对下茬较敏感的作物易产生药害。如玉米田使用西玛津除草剂后，往往对下茬的油菜、豆类等作物产生药害，这种药害多在种子发芽阶段显现。轻者根尖、芽梢等部位变褐或腐烂，影响正常生长；重者烂种、烂芽，降低出苗率或完全不出苗。

（二）侵染性病害

农作物侵染性病害是农作物在一定的环境条件下受到病原物的侵袭而引起的。一般都具有不同的病症和病状，农作物之间和田块之间可以相互传染，所以又称传染性病害。同时在发病植株上还可以检查到致病的病原物。如果病原物属于菌类，则称病原菌。引起侵染性病害的病原物有真菌、细菌、病毒、线虫和寄生性种子植物等。

侵染性病害和非侵染性病害有很密切的关系。非侵染性病害的危害性，不仅在于它本身可以导致农作物的生长发育不良甚至死亡，而且由于它削弱了植株的生长势和抗病力，因而容易诱发其他侵染性病原的侵害，使农作物受害加重，造成更大的损失。另一方面，农作物发生了侵染性病害后，也会降低对不良环境条件的抵抗力，如许多果树在发生一些叶斑病害引起早期落叶之后，往往容易遭受冻害和霜害。由此可见，一切客观事物没有彼此孤立的、互不依赖的，而是互相联系、互为影响的。

（三）病原物的传播

无论是在农作物体外越冬、越夏的病原物引起的第一次发病，或是在农作物生长季节中由已发病的寄主农作物上的病原物引起的再次发病，都必须经过传播。因此，病原物的传播是侵染循环中各环节间相互联系的纽带，切断传播途径也是打断侵染循环、防治病害的关键。各种病原物的传播方式是不同的，很多真菌具有把自己的孢子放射出去的能力；也有一些细菌和真菌产生的游动孢子，则可用"游泳"的方式转移位置。但依靠病原物主动传播的力量是有限的，一般都还要依靠自然媒介或人类活动把它们送到较远距离的植物体上。

1. 自然传播　主要有下列三类：

（1）风力传播　由于很多真菌的孢子既小且轻，便于飞散，所以绝大多数真菌的孢子是依赖风力传播的。风力传播的距离一般是比较远的，防治借风力远距离传播的病害其方法比较复杂，除了要注意消灭当地的侵染来源以外，还要防止外地传入的侵染，有时还要组织大面积的联防，才能取得较好的防治效果。

（2）雨水传播 多数细菌病害能溢泌菌脓，如稻白叶枯病、大白菜角斑病，以及一些真菌能产生带有胶黏物质的孢子（许多炭疽病菌），都需要借雨露的淋洗或雨滴的飞溅使病菌散开而传播。存在于土壤中的病原物如稻纹枯病、蔬菜细菌性软腐病等可借灌溉水从病田串灌至无病田，进行较远距离的传播。雨水传播的距离一般都比较近，所以对这类病害的防治，只要消灭当地的发病来源或防止它们的侵染，就能取得一定的效果。

（3）昆虫及其他动物传播 许多农作物病毒都是依靠昆虫传播，如黑尾叶蝉传播稻普通矮缩病，桃蚜、萝卜蚜传播油菜花叶病毒，虫体又是病毒越冬繁殖的场所。此外，在昆虫的活动过程中，可附着携带一些真菌孢子或细菌等病原物而传播，并可危害农作物造成伤口，有助于病原物的侵入。所以消灭带毒昆虫能起到一定的作用。

2. 鸟、兽、线虫等活动传播 其他鸟、兽、线虫等的活动也可以偶然地传播各种病原物或经常地传播个别的病原物。

3. 人为传播 人类在各种农业操作活动的过程中，常常帮助了病原物的传播，如引种或调运带病种子、苗木或其他繁殖材料以及带有病原物的农作物产品和包装器材，都能使病原物不受自然条件和地理条件的限制而做远距离的传播，造成病区的扩大和新病区的形成。植物检疫的作用就是限制这种人为的传播，避免将危害很大的病害带到无病地区。

一般农事活动如施肥、灌溉、播种、移栽、整枝、嫁接、脱粒等也可传播病原物。因此，在操作过程中加以注意、避免传播，在防治上也有重要意义。

三、农作物病害的症状

各种农作物病害都有一定症状，归纳起来有以下诸类型。

1. 病状类型 变色、坏死和腐烂、萎蔫、畸形等。

2. 病症类型

（1）霉状物感病　霉状物感病在病部产生各种霉层，它的颜色、质地和结构等变化较大，如霜霉、绵霉、绿霉、青霉、灰霉、黑霉、红霉等。

（2）粉状物感病　粉状物感病在病部产生白色或黑色粉状物，白色粉状物多在病部表面产生；黑色粉状物多在植物器官或组织被破坏后产生。

（3）锈粉状物感病　锈粉状物感病在病部表面形成一堆堆的小疱状物，破裂后散出白色或铁锈色的粉状物。

（4）粒状物感病　粒状物感病在病部产生大小形状及着生情况差异很大的颗粒状物。有的是针尖大小的黑色小粒，不易与组织分离，有的是形状、大小、颜色不同的颗粒。

（5）根状菌索感病　根状菌索感病在受病农作物的根部（或块根）以及附近的土壤中产生绳索状物。

（6）菌脓感病　菌脓感病在病部产生胶黏的脓状物，干燥后形成白色的薄膜或黄褐色的胶粒。这是细菌性病害特有的特征。

一般来说，由于不同病原对农作物的影响不

同，就表现不同的症状。非侵染性病害在病部找不到病原物；病毒性病害在病部外表也看不到病原物；细菌性病害在病部形成菌脓；真菌性病害在病部可以找到霉状、粉状物、锈粉状物、粒状物或根状菌索等病原物，所以我们可以根据症状对病害做出初步诊断。但是病害的症状并不是固定不变的，如同一病害在初期和后期表现的症状不同；又如在潮湿、干旱以及其他不同环境因素或栽培条件影响下表现的症状也不同。这种情况称为病害的变型性。有时不同的病原物却可以表现相同的症状，称为症状的同型性。另一方面，同一病原物在不同寄主上或在同一寄主的不同器官上也会产生不同的症状，称为症状的多型性。因此，在诊断一种病害时，有时只凭症状是不够的，还必须进一步了解病害在田间发生发展的情况。

四、农作物病害的诊断

（一）侵染性病害与非侵染性病害的区别

1. 非侵染性病害　非侵染性病害的诊断通过田间观察、考察环境、栽培管理来检查病部表面有无病症。具有如下特点：

(1) 病株在田间的分布具有规律性 一般比较均匀，往往是大面积成片面发生。没有先出现中心病株，没有从点到面扩展的过程。

(2) 症状具有特异性

①除了高温热灼等能引起局部病变外，病株常表现全株性发病。如缺素症、水害等。

②株间不互相传染。

③病株只表现病状，无病症。病状类型有变色、枯死、落花落果、畸形和生长不良等。

④病害发生与环境条件、栽培管理措施密切相关。

2. 侵染性病害 由于病原物对植物侵染造成的，因可传染，又称为传染性病害。植物病害的原因称为病原，寄生物病原称为病原物，植物病原真菌和细菌称为病原菌。病原物主要包括真菌、细菌、病毒、线虫和寄生性种子植物五大类，俗称五大类病原物。

3. 非侵染性病害和侵染性病害的相互关系 非侵染性病类加重后者的发生，造成伤口。如苹果腐烂病；后者可致使植物非侵染病害的发生。

（二）侵染性病害的诊断

1. 真菌性病害 真菌性病害的类型繁多，引起的病害症状也千变万化。但凡属真菌性病害，无论发生在什么部位，症状表现如何，在潮湿的条件下都有菌丝、孢子产生，这是诊断病害是否属于真菌病害的主要依据，即真菌性病害必然具备以下两个特征：

（1）病斑的形状 一定有病斑存在于植株的各个部位。病斑形状有圆形、椭圆形、多角形、轮纹形或不定形。

（2）病斑的颜色 病斑上一定有不同颜色的霉状物或粉状物，颜色有白、黑、红、灰、褐等。例如黄瓜白粉病，叶上病斑处出现白色粉状物。再如瓜类与番茄灰霉病，受害叶片、残花及果实上出现灰色霉状物。

2. 细菌性病害 细菌性病害主要表现为坏死与腐烂，萎蔫与畸形。细菌性病害没有菌丝、孢子，病斑表面没有霉状物，但有菌脓（除根癌病菌）溢出，病斑表面光滑，这是诊断细菌性病害的主要依据。从外部形态上来看，细菌性病害有以下 4 个方面的特征：

（1）**叶片病斑无霉状物或粉状物**　长不长毛是真菌性病害与细菌性病害的重要区别。黄瓜细菌性角斑病与霜霉病症状相似，叶片都出现多角形病斑，容易混淆，湿度大时霜霉病病斑上长有黑色霉状物，而角斑病则没有。

（2）**根茎腐烂出现黏液，并发出臭味**　有臭味为细菌性病害的重要特征。

（3）**果实溃疡或疮痂，果面有小突起**　例如番茄溃疡病。

（4）**根部青枯，根尖端维管束变成褐色**　例如花生青枯病。

3. 病毒性病害　病毒性病害在多数情况下以系统侵染的方式侵害农作物，并使受害植株发生系统症状，产生矮化、丛枝、畸形、溃疡等特殊症状。病毒病有 3 种外部表现：

（1）**花叶**　表现为叶片皱缩，有黄绿相间的花斑。黄色的花叶特别鲜艳，绿色的花叶为深绿色。黄色部位都往下凹，绿色部位往上凸。

（2）**蕨叶**　表现为叶片细长，叶脉上冲，重者呈线状。

（3）**卷叶**　表现为叶片扭曲，向内弯卷。

（三）非侵染病害的诊断

非侵染性病害的病株在群体间发生比较集中，发病面积大而且均匀，没有由点到面的扩展过程，发病时间比较一致，发病部位大致相同。如日灼病都发生在果、枝干的向阳面，除日灼、药害是局部病害外，通常植株表现在全株性发病，如缺素病、旱害、涝害、药害等。

1. 症状观察　用肉眼和放大镜观察病株上发病部位及病部形态大小、颜色、气味、质地有无病症等外部症状，非侵染性病害只有病状而无病症，必要时可切取病组织表面消毒后，置于保温（25～28℃）条件下诱发。如经 24～48 小时仍无病症发生，可初步确定该病不是真菌或细菌引起的病害，而属于非侵染性病害或病毒病害。

2. 显微镜检　将新鲜或剥离表皮的病组织切片并加以染色处理，在显微镜下检查有无病原物及病毒所致的组织病变（包括内含体），即可提出非侵染性病害的可能性。

3. 环境分析　非侵染性病害由不适宜环境引起，因此应注意病害发生与地势、土质、肥料及与当年气象条件的关系，栽培管理措施、排灌、喷药是否适当，城市工厂"三废"是否引起植物中毒等，都做分析研究，才能在复杂的环境因素中找出主要的致病因素。

4. 病原鉴定 确定非侵染性病害后，应进一步对非侵染性病害的病原进行鉴定。

(1) 化学诊断 主要用于缺素症与盐碱为害等。通常是对病株组织或土壤进行化学分析，测定其成分、含量，并与正常值相比，查明过多或过少的成分，确定病原。

(2) 人工诱发 根据初步分析的可疑原因，人为提供类似发病条件，诱发病害，观察表现的症状是否相同。此法适于温度、湿度不适宜，元素过多或过少，药物中毒等病害。

(3) 指示植物鉴定 这种方法适用于鉴定缺素症病原。当提出可疑因子后，可选择容易缺乏该种元素，症状表现明显、稳定的植物，种植在疑为缺乏该种元素园林植物附近，观察其症状反应，借以鉴定园林植物是否患有该元素缺乏症。

(4) 排除病因 采取治疗措施排除病因。如缺素症可在土壤中增施所缺元素或对病株喷洒、注射、灌根治疗。根腐病若是由于土壤水分过多引起的，可以开沟排水，降低地下水位以促进植物根系生长。如果病害减轻或恢复健康，说明病原诊断正确。

（四）作物病害诊断时应注意的问题

（1）不同的病原可导致相似的症状。如叶稻瘟和稻胡麻叶斑病的初期病斑不易区分；萎蔫性病害可由真菌、细菌、线虫等病原引起。

（2）相同的病原在同一寄主植物的不同生育期，不同的发病部位，表现不同的症状。如红麻炭疽病在苗期为害幼茎，表现猝倒，而在成株期为害茎、叶和蒴果，表现斑点型。

（3）相同的病原在不同的寄主植物上，表现的症状也不相同。如十字花科病毒病在白菜上呈花叶，萝卜叶呈畸形。

（4）环境条件可影响病害的症状，腐烂病类型在气候潮湿时表现湿腐症状，气候干燥时表现干腐症状。

（5）缺素症、黄化症等生理性病害与病毒病、类菌原体、类立克次氏体引起的症状类似。

（6）农药药害引起的叶斑、叶枯、叶缘焦枯与真菌性病害；农药根部受害青枯与根腐病、细菌性青枯病；激素中毒的不同症状与病毒病等容易混淆和误诊。

（7）在病部的坏死组织上，可能有腐生菌，容易混淆和误诊。

（8）作物的环境伤害比如小麦缩二脲中毒和蔬菜作物缩二脲中毒与病毒病、青枯病、根腐病相混淆。

五、农作物病害的危害

1. 降低产量　1845年爱尔兰马铃薯晚疫病大流行，马铃薯几乎绝收。1950年中国小麦锈病大流行，减产60亿千克。1996年玉米弯孢菌叶斑病在中国辽宁流行，绝收25万亩*，损失2.5亿千克。全世界农作物因病害减产：粮食10%、蔬菜40%。

2. 降低品质　水稻发生稻瘟病使碎米率增加；甜菜得褐斑病后，含糖量大大减少；小麦患锈病后面筋减少。

---

①　亩为非法定计量单位，1亩≈667米^2。——编者注

3. 产生有毒物质，使人、畜中毒　甘薯黑斑病产生有毒物质甘薯酮，病薯喂牛、羊而导致气喘和死亡。感染赤霉病的小麦生产面粉，人食后出现呕吐、腹泻现象。

4. 限制了农作物的栽培　由于一种病害发生在一地区不能栽植，在辽宁省由于红麻炭疽病而40年未能种植。广东省由于木瓜病毒病至今不能栽植。

5. 影响农产品的运输和贮藏　如白菜软腐病；水果产后病害。

六、农作物病害的防治

（一）综合防治的指导思想

在作物病害系统中，由于寄主植物和病原物在外界条件包括人为因素在内的影响下的相互作用出现了寄生现象，引起作物病害，那么人们防治病害，就是要处理好植病系统中各种因素之间的相互关系和作用，使不发生病害，或使病害所造成的危害性降低到最小限度。

作物各种病害的性质不同，防治的重点也要

有所不同。

(1) 侵染性病害防治 主要措施是：

①消除病害的侵染来源。

②增强寄生的抗病性，保护它不受病原物的侵染。

③创造有利于寄主而不利于病原物的环境条件。

(2) 非侵染性病害防治

①改善环境条件。

②消除不利因素。

③增强寄主抗病性。

不同地区、时间等发生的作物病害情况也不同，对作物病害防治的目的要求也需要根据情况不同提出不同的要求。因此，进行防治措施设计要根据病害性质、不同病害的发生发展规律、不同的地区和时间等因素来考虑，不同的病害有不同的防治方法，同时也要注意到同一类型的病害，如花生青枯病、辣椒青枯病等，它们之间也有很多共同的地方。一种防治措施往往对多种病害都有效，在拟定防治计划时可以互相借鉴。

病害的防治要认真执行"预防为主，综合防治"的植保方针，预防为主就是要正确处理植病系统中各种因素的相互关系，在病害发生之前采取措施，把病害消灭在未发前或初发阶段，从而达到只需较少或不需投入额外的人力、物力就能有效防治病害的目的，在目前的条件下，预防病害发生仍然是主要的。综合防治指的是在进行防治时要做到因时、因地、因病害的种类因地制宜地协调运用必要的防治措施，以达到最佳的防治效果。它是当前和今后病害防治的必然趋势，主要体现在下列几个方面：

①从农业生产的全局或农业生态的总体观点出发，以预防为主，创造不利于病虫害发生为害，有利于农作物生长发育的有益生物存在繁殖的条件。

②建立在单项防治措施的基础上，搞好综合防治，但不是各种防措的相加，也不是措施越多越好。要因地、因时、因病，因地制宜地协调运用必要的防措，以达到最好防效。

③综合防治要考虑经济、安全、有效。

（二）农作物病害防治新措施

1. 诱导抗性 根据不同的信号传递途径和功能谱，已经研究发现了包括系统获得性抗性和诱导系统抗性等许多不同类型的诱导抗性。这些抗性可通过多种生物和非生物的因子诱导植物产生。诱导抗性被认为具有广谱性和持续性，大多数诱导因子可以控制病害的效果达到 20%～85%。由于诱导抗性是一种寄主反应，其表达受到环境、基因型、作物营养以及诱导植物的程度等因素的影响。尽管这一领域的研究在过去的几年取得了很大的进展，但是，对于诱导抗性的表达作用的影响等方面的理解还很有限。近年来有一些研究试图开展在实践中如何正确使用诱导抗性进行作物保护。

2. 农作物病害生态防治 农作物病害是因植物所处的生物因素和非生物因素相互作用的生态系统失衡所致，病害的生态治理就在于通过相关措施（包括必要的绿色化学措施）促进和调控各种生物因素（寄主植物、病原生物、非致病微生物）与非生物因素（环境因素）的生态平衡，将病原生物种群数量及其危害程度控制在三大效益允许的阈值之内，确保植物生态系统群体健康。生态防治技术就是根据这一原理来防治植物病害的，它对生态环境安全，能使植物健康生长，因而越来越受到人们的重视，将逐步成为防治植物病害的最重要手段之一。但该技术的应用在近期内还存在一些问题，如使用单一的生态防治技术难以取得显著防效，各种技术应综合运用；尚未被广大农民接受，导致这些技术在短期内无法代替化学农药的使用。因此，有关部门应采取各项措施解决这一问题，正确引导和鼓励广大农民使用生态防治技术来治理植物病害，以利保护生态环境，推动绿色可持续农业的发展。

3. 生物防治及微生物代谢产物 植物病害生物防治是利用有益微生物和微生物代谢产物对农作物病害进行有效防治的技术与方法。我国在生物农药资源筛选评价体系、基因工程、发酵代谢工程等方面取得了可喜进展并研制出了多种高效植物病害生物防治药物。

在过去的几十年中，经过多方面的研究和发展，微生物代谢产物的应用范围已经被拓宽。已经将微生物的代谢产物直接作为杀菌剂应用了好多年，同时很多时候将其作为新型杀菌剂的前导分子来应用。灭稻瘟素、多氧菌素和有效菌素、硝吡咯菌素、甲氧基丙烯酸酯类就是微生物代谢产物作为前导分子或杀菌剂的最重要的例子。微生物的代谢产物也被用作诱导植物产生植物诱导抗性的激发子。植物在生长中会通过它们的代谢产物等多种机制来助长根际细菌，这常被应用在植物对抗害虫和病菌的作物保护的诱导作用中。

4. 壳聚糖对作物病害的作用　从 20 世纪 60 年代起，世界范围内的研发机构以壳聚糖（壳寡糖）作为有机改良剂在植物病害治理效果上进行研究，并取得了重要的成果。壳聚糖对植物生长、种子发芽率、作物根系生长均具有显著促进作用，还对作物品质有明显改善，产量亦能提高，是一种天然的植物生长调节剂；壳聚糖不仅对植物病原菌及人、畜疾病病原菌有很好的抑制作用，而且对真菌如青霉菌、灰霉菌、黑霉菌、褐腐菌等引起的果实病害均具有显著的抑制效果。壳聚糖在农业方面特别是作为杀菌剂在防治植物病害领域的研究，包括壳聚糖对病原菌的抑制机理、规律及应用效果研究的进展和趋势。聚糖是一种用途十分广泛的具有生物活性的高分子化合物，壳聚糖在抑制作物病害方面具有较好作用。壳聚糖可以作为土壤改良剂防治土传病害，用作种衣剂防治种传病害，用于果蔬保鲜控制收获后病害，还可作为植物生长调节剂、植物病害诱抗剂促进植物生长，诱导提高植物的广谱抗病性。壳聚糖抑制植物病害具有多重机制。

5. 植物源活性成分　植物的次生代谢是植物在长期进化过程中与环境因素相互作用的结果，植物次生代谢产物在植物协调与环境的关系、提高生存竞争能力和自身保护能力等方面起着重要的作用。植物中的萜类、黄酮类、生物碱、挥发油等物质多为植物次生代谢物质，这些物质使植物对病原微生物的侵染过程能够进行有效的化学防御。研究植物次生代谢物质在植物病害中的防治机理，改善植物中有效成分提取工艺，将提取后的植物药渣制成有机复合药肥，重新再利用，可大大降低成本，也是植物源农药的研制与开发的一条新路。

6. 植物内生菌　植物内生菌及其防治植物病害的研究进展。植物内生菌分布广、种类多，几乎存在于所有目前已研究过的陆生及水生植物中，目前全世界至少已在 80 个属 290 多种禾本科植物中发现有内生真菌，在各种农作物及经济作物中发现的内生细菌已超过 120 种。感染内生菌的植物宿主往往具有生长快速、抗逆境、抗病害、抗动物危害等优势，比未感染内生菌的植株更具生存竞争力。植物内生菌的防病机理主要表现在通过产生抗生素类、水解酶类植物生长调节剂和生物碱类物质，与病原菌竞争营养物质，增强宿主植物的抵抗力以及诱导植物产生系统抗性等途径抑制病原菌生长。

第二讲
农作物虫害

一、农作物虫害概述

(一)害虫的概念

危害作物的昆虫和螨类,统称为害虫。也就是说在农业生产过程中,凡是取食作物营养器官,对作物生长发育带来不良影响,使作物产量降低、品质下降的昆虫包括螨类,我们统称为农作物害虫。昆虫属于节肢动物门昆虫纲;螨类属于节肢动物门蛛形纲。由它们引起的各种作物伤害称为农作物虫害。昆虫纲不但是节肢动物门中最大的一个纲,也是动物界中最大的一纲,种类多、数量大、分布广。全世界已知动物已超过150万种,其中昆虫就有100万种以上,占到2/3。农作物害虫种类繁多,分布极广,每种作物上都有一种甚至多种害虫为害,如为害水稻的有螟虫、稻苞虫、稻飞虱、稻叶蝉、稻蓟马、稻纵卷叶螟、褐边螟；为害棉花的有小地老虎、棉蚜、棉红蜘蛛、棉铃虫、红铃虫、二点叶蝉；为害小麦的有黏虫、麦长管蚜、麦圆蜘蛛、小麦吸浆虫；为害油菜的有菜蚜、潜叶蝇等。这些害虫常给农业生产带来巨大损失。也有些昆虫对人类是有益的，如家蚕可以吐丝，蜜蜂可以酿蜜传粉，白蜡虫能分泌白蜡，寄生蜂、寄生蝇、蜻蜓、螳螂、步行虫等能寄生或捕食害虫等。

（二）昆虫与作物和人类的关系

1. 有益的一面

（1）捕食或寄生性天敌 如七星瓢虫、寄生蜂等。

（2）授粉昆虫 显花植物中有 85％ 的种类依靠虫媒传粉，如蜜蜂、熊蜂等。

（3）腐食性昆虫 对分解植物残体和促进生态循环等具有重要作用（大自然的清洁工）。

（4）昆虫为人类提供大量的工业原料 如蚕丝、紫胶等。

（5）昆虫可以入药 如冬虫夏草——鳞翅目昆虫被真菌寄生后产生的子实体，可保肺益肾、化痰止咳。

(6) 其他 丽蝇可清除伤口腐肉，蜜蜂螫刺可用来医治关节炎。

(7) 昆虫作为科学研究的材料 如果蝇。

2. 有害的一面

(1) 直接危害栽培植物 如我国的水稻害虫有 385 种，棉花害虫 310 余种，苹果害虫 340 余种等；仓储害虫 224 种，降低产量，影响品质。

(2) 间接危害 昆虫可传播植物病毒。在已知的 249 种植物病毒中，仅蚜虫能传的就占 159 种。还有飞虱、叶蝉等。

(3) 卫生害虫对人类的危害。

(4) 建筑物受白蚁的损害。

(三) 虫害发生的基本特征

1. 种类繁多 全世界现发现昆虫约 120 万种，是动物界中最大的一个种群。

2. 分布广泛 从高山到高空，从居室到田野，从陆地到水中以至深海，处处都有昆虫的分布。

3. 繁殖迅速 如干旱高温年份蚜虫在黑龙江省一年就可以繁殖 16 代以上，并且可以进行无性繁殖，即孤雌生殖，短时间内可形成巨大的群体。

4. 适应性强 各种环境都能通过进化逐渐适应，食性复杂。

5. 规律复杂 随着种植业结构的调整以及生态环境的破坏，气象灾害频发，有害生物的发生规律发生了很大变化，变得越来越无规律性，这给防治带来了一定困难。

6. 防治困难 如水稻二化螟的防治，玉米田玉米螟的防治，都会因为水田的有水环境以及玉米螟防治适期玉米植株高大，给防治带来很大困难。

二、农作物害虫的类型

1. 根据害虫的口器形状和取食方式分 可分为刺吸式口器害虫和咀嚼式口器害虫，如蚜虫和蝗虫。在防治过程中，刺吸式口器害虫应选择具有内吸传导型杀虫剂，而咀嚼式口器害虫应选择胃毒型杀虫剂。

2. 根据害虫的活动场所和取食部位分 可

分为地下害虫和地上害虫。在防治过程中，地下害虫多采用毒土法、灌根、或种衣剂拌种防治，地上害虫多采用喷雾法防治。

3. 根据害虫的形态特征和活动方式分 可分为鳞翅目害虫、鞘翅目害虫、半翅目害虫、同翅目害虫等。

4. 根据害虫能否在当地越冬分 可分为常发性害虫和突发性害虫。常发性害虫在当地年年发生，根据环境、气候及栽培条件变化，年际间发生程度变化不大，如玉米螟。突发性害虫，有时也称迁飞性害虫，发生轻重与当地条件关系不密切，年际间发生程度差别巨大，如草地螟。1982 年在华南大发生，2008 年在华南又大发生，时隔 26 年。由于黑龙江省近些年小麦面积锐减，黏虫已有十几年没有大发生。

5. 根据害虫虫态之间的变化程度分 可分为全变态昆虫和不全变态昆虫。全变态昆虫成虫、卵、幼虫、蛹 4 种虫态俱全，不全变态往往只有 3 种虫态。如蚜虫、蝗虫就是不全变态昆虫。

6. 根据昆虫对食物的选择分 可分为植食

性昆虫、肉食性昆虫、腐食性昆虫。绝大多数植食性昆虫是农业害虫，而肉食性昆虫多以其他昆虫为食物，所以大多是害虫的天敌，人们多称之为益虫，如草蛉、蜻蜓、瓢虫、赤眼蜂等。腐食性昆虫一般不以有生命植物为食，大多以腐败后的植物为食，对作物无害并有疏松土壤的作用，如蜣螂（屎壳郎）、蚯蚓等。

7. 根据繁殖方式不同分　可分为有性繁殖、无性繁殖等。有性繁殖是最常见的繁殖方式，绝大多数昆虫都是以有性繁殖方式繁殖。无性繁殖方式最常见的害虫就是蚜虫，在中原地区盛发期都采用孤雌生殖，即雌性大蚜虫直接可以生小蚜虫，而且是胎生。

8. 根据为害方式和取食部位不同分　可分为潜叶性害虫、钻蛀性害虫、潜根性害虫等。如潜叶蝇是潜叶性害虫，玉米螟是钻蛀性害虫，根蛆是潜根性害虫。

9. 根据生态对策将害虫相应地划分　可分为 r 类害虫、k 类害虫和中间类型的害虫。

（1）k 类害虫　具有稳定的生境，它们的世代时间（T）与生境保持有利的时间长度（H）

的比值很小（T/H 小），所以它们的进化方向是使它们的种群保持在平衡水平上，以及不断地增加种间竞争能力。但当种群密度明显下降到平衡水平以下时，不大可能迅速地恢复，甚至可能灭绝。对于 k 类对策者可以用下列特征识别：个体大，寿命长，低的潜在增长率，低的死亡率，高的竞争力以及对每个后代的巨大"投资"。典型的 K 类对策者如苹果蠹蛾、舌蝇等。

（2）r 类害虫　r 类害虫是不断地侵占暂时性生境的种类，T/H 值较大，它们在任何种群密度下都遭到选择。它们的对策基本上是随机的"突然暴发"和"猛烈崩溃"。迁移是这类种群的重要特征，甚至每代都能发生。它们个体小，数量多，寿命短，繁殖率高，死亡率一般也较高。飞虱、蚜虫、红蜘蛛、小地老虎等就是一些典型的例子。

（3）中间类型害虫　这类害虫既吃根和营养叶，也吃产品，但能被天敌很好的调节，故采用生物防治和耕作防治对其进行双重调节可以收到较好的效果。按照推论，利用化学农药来防治这类害虫很可能会造成再猖獗。

三、农作物害虫的危害

(一) 间接危害

1. 传播作物病害 昆虫与诱发植物病害的病原物都是农业生态系的成员,两者关系极为密切。昆虫嚼食植物,病原物寄生于植物,两者为害对象相同,在自然界中,一般虫害严重的地块,病害也往往严重。

植食性昆虫,咬食植物的根、茎、叶、花、果实和种子,除直接造成危害,降低产量、品质外,更重要的是给植物造成了大量的伤口,这些伤口即成为部分病原物侵入的门户;绝大部分细菌病害和部分真菌病害都是从伤口侵入的。

昆虫与病害更密切的关系表现在昆虫是病原物的传播者。很多病毒都是通过媒介昆虫的刺吸式口器给植物造成微小伤口并把病毒直接送入细胞的。如蚜虫可传播大麦、小麦的黄矮病、玉米矮花叶病、马铃薯病毒病、油菜花叶病、甜菜黄化病、烟草花叶病等。飞虱可传播小麦丛矮病、玉米粗缩病等。叶蝉可传播水稻普通矮缩病、水稻黄矮病、玉米条纹矮缩病等。新发现的病原物类菌质体、类立克次氏体等也可通过刺吸式昆虫传播。少数咀嚼式口器的昆虫也可传播某些病原物，如菜青虫的幼虫在咬食白菜时，就可把软腐细菌从病株传给健株。此外，昆虫还是病原物的越冬场所或初侵染来源。如传播病毒的叶蝉和飞虱类，病毒可在其体内增殖，一旦获毒，则终生传毒，甚至可经过卵传给下一代。又如传播水稻普通矮缩病毒的黑尾叶蝉，病毒可经过卵传导。这些带毒的昆虫，在作物或杂草根部度过冬天后，成为来年的初侵染源。

2. 污染作物产品，加重和引发作物病害发生 昆虫对农作物果实的咀嚼、咬食、钻蛀排出大量的虫粪，污染产成品，影响食用价值和品质，造成无法食用或浪费。由于害虫对作物的咬食，严重削弱作物的生长势和生长量，降低作物的抗逆能力，更易引发各种作物病害。

（二）直接危害

1. 食叶害虫 昆虫以植物体的花、茎、叶、根、果实和汁液为食，而使植物受到伤害。其中如瓜蓟马为害瓜类的花器。大多取食树木及草坪叶片，猖獗时能将叶片吃光，削弱树势，并为天牛、小蠹虫等蛀干害虫侵入提供适宜条件，既影响植物的正常生长，又降低植物的美化功能和观赏价值。此类害虫主要有鳞翅目的袋蛾、刺蛾、大蚕蛾、尺蛾、螟蛾、枯叶蛾、舟蛾、美国白蛾、国槐尺蛾、凤蝶类，鞘翅目的叶甲，膜翅目的叶蜂等。

2. 刺吸式害虫及螨类 刺吸式害虫是园林植物害虫中较大的一个类群。它们个体小，发生初期往往受害状不明显，易被人们忽视，但数量极多，常群居于嫩枝、叶、芽、花蕾、果上，汲取植物汁液，掠夺其营养，造成枝、叶及花卷曲，甚至整株枯萎或死亡。同时诱发煤污病，有时害虫本身是病毒病的传播媒介。此类害虫主要有蚜虫类、介壳虫类、粉虱类、木虱类、叶蝉类、椿象类、蓟马类、叶螨类等。

3. 蛀食性害虫 蛀食性害虫生活隐蔽，天敌种类少，个体适应性强，是园林植物的一类毁灭性害虫。它们以幼虫蛀食树木枝干，不仅使输导组织受到破坏而引起植物死亡，而且在木质部内形成纵横交错的虫道，降低了木材的经济价值。此类害虫主要有鳞翅目的木蠹蛾科、透翅蛾科，鞘翅目的天牛科、小蠹科、吉丁甲科、象甲科，膜翅目的树蜂科，等翅目的白蚁等。

4. 地下害虫　地下害虫主要栖息于土壤中，取食刚发芽的种子、苗木的幼根、嫩茎及叶部幼芽，给苗木带来很大危害，严重时造成缺苗、断垄等。此类害虫种类繁多，主要有直翅目的蝼蛄、蟋蟀，鳞翅目的地老虎，鞘翅目的蛴螬、金针虫。

（三）害虫的暴食期

像黏虫、草地螟等鳞翅目害虫的幼虫，它们在 3 龄之前的食量是非常小的，只占一生食量的 5% 以下，而且害虫对农药的抗性还低，所以在进行害虫防治时，选择恰当的时间采取措施，对提高防治效果意义重大，在必须防治时最好在幼虫 3 龄以前采取措施，可起到事半功倍的效果。既节省药剂，又能提高防治效果。

昆虫是外骨骼包被全体动物，它的外骨骼就是它体表的一层皮，在生长过程中幼虫每蜕掉一层皮，就长 1 龄，第一次蜕皮时是 2 龄，第二次蜕皮时是 3 龄，最多能蜕 5 次皮，或者说幼虫最多也只有 6 龄。

四、农作物虫害的防治

（一）虫害防治的主要途径

根据虫害发生的原因，把害虫的种群数量控制在经济危害水平以下，农业害虫的防治主要采取下列基本途径：

1. 控制田间的生物群落 即争取减少害虫的种类与数量，增加有益生物（害虫的天敌）的种类与数量。

2. 控制主要害虫种群的数量 使其被抑制在足以造成作物经济损失的数量水平之下。具体措施可从三方面考虑：

（1）消灭或减少虫源 例如，植物检疫是为了防止国外或外地的危险性虫、病、杂草传入本国或本地。越冬防治是为了压低害虫的来春发生基数。

（2）恶化害虫发生为害的环境条件 例如，改进栽培技术，使农田环境不利于害虫生活，栽培抗虫良种，保护天敌使其在自然界能发挥更大的抑制害虫的作用等。

(3) 及时采取适当措施抑制害虫在大量发生为害以前 例如，及时施用适量的农药，或人工释放害虫的天敌，或采用有效的物理、机械防治措施等。

3. 控制农作物易受虫害的危险生育期与害虫盛发期的相配合关系 使作物能避免或减轻受害。

(二) 虫害防治的基本原则

农作物虫害防治应遵循如下原则：

(1)"预防为主，综合防治"，因地、因时、因害虫制宜，力求不同害虫兼治，确保"治早、治小、治了"。

(2) 能用农业措施或物理措施防治的，不用化学防治。

(3) 能用生物农药或仿生措施防治的，不用化学农药。

(4) 能用低毒或低倍农药的，不用高毒、高倍农药。

(5) 循环交替用药，防止产生抗性；搞好预测预报，及时发现虫害并预测最佳防治时机。

（三）虫害防治的主要方法

虫害防治历史悠久，在长期防治实践的过程中以及各类防治技术的研究发展，一些传统的防治方法有了新的内容，一些近代的防治方法也逐步形成。按照各类防治方法性质和作用，通常可分为五类，即植物检疫、农业防治法、生物防治法、化学防治法及物理、机械防治法。有的防治技术如植物抗虫性的利用、昆虫激素的利用以及不育技术等也均有其自身的特点，也很难将其划为哪一类别，这里结合有关部分做一简要概述。

1. 植物检疫　植物检疫就是国家以法律手段，制定出一整套的法令规定，由专门机构执行，对就受检疫的植物和植物产品控制其传入和带出以及在国内的传播，是用以宏观上控制有害生物传播蔓延的一项根本性措施，有的也称为"法规防治"。

植物检疫可包括两方面的内容：

（1）防止将危险性病、虫、杂草随同植物及植物产品（如种子、苗木、块茎、块根、植物产品的包装材料等）由国外传入和由国内传出。也就是防止国与国之间危险性病、虫、杂草的传播蔓延。这称为对外检疫。

（2）当危险性病、虫、杂草已由国外传入或在国内局部地区发生，将其限制、封锁在一定范围内，防止传播蔓延到未发生的地区，并采取积极措施，力争彻底肃清。这称为对内检疫。

2. 农业防治法 农业防治法是在认识和掌握害虫、作物和环境条件三者之间相互关系的基础上，结合整个农事操作过程中的各种具体措施，有目的地创造有利于农作物的生长发育而不利于害虫发生的农田环境，达到直接消灭或抑制害虫的目的。

农业栽培技术控制害虫种群数量和为害程度有下列方式：

（1）通过压低害虫基数来控制种群发生数量 害虫种群发生的数量总是在一定的虫源数量基础上发展起来的，在相同的环境条件下，发生基数的大小，必然会影响种群数量增长的快慢。

（2）通过影响害虫的繁殖控制其种群数量 害虫的种群数量很大程度上取决于它的繁殖率，包括生存率、性比、生殖力和繁殖速度等。

（3）通过影响害虫天敌控制害虫种群数量
棉田播种油菜繁殖菜蚜招来天敌，又通过天敌有效地控制棉蚜的危害。

（4）通过影响作物长势减轻作物受害程度
作物栽培管理条件好，作物生长势强，可提高抗虫、耐虫能力，以减轻危害损失。

（5）直接影响害虫的种群数量 通过农业技术改变害虫的生活条件或通过机械杀伤，达到控制害虫种群数量的目的。

3. 生物防治法 生物防治法就是利用生物有机体或它的代谢产物来控制有害生物的方法。它包括寄生性天敌、捕食性天敌、昆虫病原微生物、昆虫的不育性及昆虫性外激素、内激素等。

（1）生物防治的特点 生物防治的优缺点表现在以下几个方面：

①优点。对人、畜安全；不杀伤天敌及其他生物；不污染环境；持效期长；资源丰富。

②缺点。作用缓慢；范围窄；受气候条件影响大；从试验到应用所需时间长。

（2）生物防治的主要内容

①食虫昆虫的利用。食虫昆虫又可以分为捕

食性和寄生性两大类，常见的对昆虫控制作用较大的有下列种类：

a. 捕食性昆虫。有18个目近200个科。最常见的有蜻蜓、螳螂、草蛉、蟥类、食虫虻、食蚜蝇、步甲、瓢虫等，它们都能捕食多种害虫，有些已在生产上应用。

b. 寄生性昆虫。有5个目97个科。最主要的有寄生蜂和寄生蝇类，如茧蜂、小蜂、赤眼蜂等已在生产上应用，并取得良好效果。

②病原微生物的应用。病原微生物能侵染昆虫引起死亡，常见的有真菌、细菌和病毒。目前应用较为广泛的有白僵菌、苏云金杆菌、核型多角体病毒等。

③其他有益生物的利用。

a. 蜘蛛类的利用。

b. 脊椎动物的利用。有鸟类、两栖类、哺乳类等。

④生物农药的利用。随着人们对环保和健康的关注和生态发展理念在需要，高效、高毒的有机磷农药的使用在各国都受到不同程度的限制。采用高效、低毒、低残留的生物农药是今后的发

展方向，所以生物农药的发展前景广阔。预计近几年会保持一个相对平稳、快速的发展态势。

生物农药是指利用生物活体或其代谢产物对害虫、病菌、杂草、线虫、鼠类等有害生物进行防治的一类农药制剂，或者是通过仿生合成具有特异作用的农药制剂。我国生物农药按照其成分和来源可分为微生物活体农药、微生物代谢产物农药、植物源农药、动物源农药四个部分。按照防治对象可分为杀虫剂、杀菌剂、除草剂、杀螨剂、杀鼠剂、植物生长调节剂等。如80亿个/毫升地衣芽孢杆菌水剂就是微生物活体杀菌剂。

在新型生物农药使用时要掌握如下要点：

a. 温度。生物农药喷施的适宜温度在 20 ℃以上。因为生物农药的活性成分是蛋白质晶体和有生命的芽孢，低温条件下芽孢繁殖速度极慢，蛋白质晶体也不易发生作用。试验表明：在25～30 ℃条件下施用生物农药，其药效比在 10～15 ℃时施用高 2 倍左右。

b. 湿度。使用生物农药，环境湿度越高，药效越高，只有在高湿条件下药效才能得到充分发挥。其原因是生物农药细菌的芽孢不耐干燥的环境条件。因此，喷施细菌粉剂宜在早晚有露水的时候进行，以利于菌剂能较好地粘在作物的茎叶上，并促进芽孢繁殖，增加与害虫接触的机会，提高防治效果。生产上也可在干旱地区施药后继续适量喷雾人为制造高湿环境来提高药效。

c. 要避免阳光。阳光中的紫外线对芽孢有杀伤作用，阳光直接照射 30 分钟，芽孢可死亡50％，照射 1 小时则死亡率高达 80％。因为紫外线的辐射对蛋白质晶体也有变形降效作用，所以使用生物农药宜选择下午 4 时以后或阴天全天进行。

4. 物理、机械防治法　物理防治法是利用各种物理因子如光、热、电、声、温湿度等对害虫的影响作用，并根据害虫的反应规律防治有害生物的方法。近代物理技术为这类防治法增加了更多的内容。机械防治法则是指包括人工在内的应用器械或动力机具的各种防治措施。

掌握害虫的生物学特性，利用各种物理因子对害虫生长、发育、繁殖和行为活动的影响作用，采取物理或机械的防治措施内容有以下两方面：

（1）直接捕杀　根据害虫的栖息地位或活动习性，可直接用人工或用简单器械捕杀。例如人工采卵，摘除虫果，对群集性害虫捕打，对假死习性的害虫如金龟子等打落或振落后捕杀等。

（2）诱集或诱杀　主要是利用害虫的某种趋性或其他特性如潜藏、产卵、越冬等对环境条件的要求，采取适当的方法诱集或诱杀。

5. 化学防治法　利用化学药剂防治害虫的方法称为化学防治法。

（1）化学防治的优点

①高效。用少量的化学杀虫剂可收到良好的杀虫效果。

②使用方便，投资少。

③速杀。蚜虫 4～5 天/代，几秒至几分钟即可杀死。

④杀虫广谱。几乎所有的害虫全可利用杀虫剂来防治。

⑤杀虫剂可以大规模工业化生产，远距离运输，且可长期保存。

（2）化学防治的缺点

①长期广泛使用农药，易造成害虫产生抗性。

②引起环境污染和人、畜中毒。

③广谱性杀虫剂在杀死害虫的同时，也杀死天敌，造成主要害虫的再猖獗和次要害虫上升为主要害虫。

（3）化学防治在虫害综合防治中的地位　化学防治在虫害综合防治中的地位是不高的，其原因是：

①综合防治强调的是自然控制。能自然控制的，达不到危害水平的就根本不需要人工防治，所以自然防治是第一位的。

②配合自然控制应用抗虫品种等农业技术或生物防治，它们与自然控制不发生矛盾，可以协调起来，这些在虫害综合防治中居第二位。

③上述方法效果不理想，不能控制虫害的情况下，不能坐视害虫严重危害而不治，只有应用化学防治或生物防治。

6. 虫害综合治理　我国生态学家马世骏教授的定义是：从生物与环境关系的整体观点出

发，本着预防为主的指导思想和安全、有效、经济、简易的原则，因地、因时制宜，合理运用农业的、生物的、化学的、物理的方法，以及其他有效的生态手段，把害虫控制在不足以危害的水平，以达到保护人、畜健康和增产的目的。

(1) 虫害综合治理的三个层次 虫害综合治理的概念与内容，涉及对综合防治的层次水平和阶段性发展要求。国内外在这方面的实践表明，可以将综合防治分为三个层次阶段：

①以单一防治对象为内容的综合防治。如地下害虫的综合防治、黏虫的综合防治、蚜虫的综合防治等。

②以作物为主体的多种防治对象的综合防治。如水稻病虫害的综合防治、棉花病虫害的综合防治等。目前国内外的综合防治实践都已开始或进入这一个层次阶段。

③以作物生态区域为基本单元的多种作物、多种防治对象的综合防治。目前虽然还没有卓有成效的实例，但是随着农业生产的发展，已经提出对这一层次的要求。

我国人口众多，平均耕地面积甚少，多种形

式的多熟种植制度的广泛推行，因此如何适应这一情况的综合防治研究是极为重要的。

（2）虫害综合治理的特点

①虫害综合治理不要求彻底消灭害虫，允许害虫在受害密度以下的水平继续存在。

②虫害综合治理强调分析害虫危害的经济水平与防治费用的关系。

③虫害综合治理强调各种防治方法的相互配合，尽量采用农业的、生物的等防治措施，而不单独采用化学防治。

④虫害综合治理应高度重视自然控制因素的作用。

⑤虫害综合治理应以生态系统为管理单位。

（3）虫害综合治理方案的设计 农业虫害综合治理方案，应以建立最优的农业生态体系为出发点，一方面要利用自然控制，另一方面要根据需要和可能，协调各项防治措施，把害虫控制在危害允许的水平以下。虫害综合治理方案的设计应遵循：

①根据当地农业生态系统结构循环的特点，在分析该区域各种生物和非生物各因素相互关系

的基础上，特别是耕作制度、作物布局、生境适度等特点是设计方案的重要依据。

②根据主要危害的优势种群和关键时期。

③根据作物与害虫的物候期。

④在掌握当地主要害虫和天敌种群发生型的基础上进行准确预测预报。

⑤在搞清单项措施有效作用的基础上，尽可能采取具有兼治效能的措施。

第三讲
农药的种类及应用

一、农药的概念与种类

农药是农用药剂的总称，它是指用于防治危害农林作物及农林产品害虫、螨类、病菌、杂草、线虫、鼠类等有害生物的化学物质，包括提高这些药剂效力的辅助剂、增效剂等。随着科学技术的不断发展和农药的广泛应用，农药的概念和它所包括的内容也在不断地充实和发展。

农药的品种十分繁多，而且农药的品种还在不断增加。因此，有必要对农药进行科学分类，以便更好地对农药进行研究、使用和推广。农药的分类方法很多，按农药的成分及来源、防治对象、作用方式等都可以进行分类。其中最常用的方法是按照防治对象，将农药分为杀虫剂、杀螨剂、杀菌剂、杀线虫剂、除草剂、杀鼠剂、植物生长调节剂等七大类，每一大类下又有分类。

（一）杀虫剂

杀虫剂是用来防治有害昆虫的化学物质，是农药中发展最快、用量最大、品种最多的一类药剂，在我国农药销售额中居第一位。

1. 按成分和来源分类 可分为四类：

（1）无机杀虫剂 以天然矿物质为原料的无机化合物，如硫黄等。

（2）有机杀虫剂 又分为直接由天然有机物或植物油脂制造的天然有机杀虫剂，如棉油皂等；有效成分为人工合成的有机杀虫剂，即化学杀虫剂，如有机磷类的辛硫磷、拟除虫菊酯类的甲氰菊酯、特异性杀虫剂的灭幼脲等。

（3）微生物杀虫剂 即用微生物及其代谢产物制造而成的一类杀虫剂。主要有细菌杀虫剂如苏云金杆菌（Bt），真菌杀虫剂如白僵菌等，病毒杀虫剂如核型多角体病毒等。生物源杀虫剂阿维菌素、甲氨基阿维菌素苯甲酸盐（甲维盐）等。

（4）植物性杀虫剂 即用植物产品制成的一

类杀虫剂，如鱼藤精、除虫菊等。

2. 按作用方式分类 可分为十类：

（1）胃毒剂 药物通过昆虫取食而进入其消化系统发生作用，使之中毒死亡，如灭幼脲等。

（2）触杀剂 药剂接触害虫后，通过昆虫的体壁或气门进入害虫体内，使之中毒死亡，如异丙威等。

（3）熏蒸剂 药剂能化为有毒气体，害虫经呼吸系统吸入后中毒死亡，如敌敌畏、磷化铝等。

（4）内吸剂 药物通过植物的茎、叶、根等部位进入植物体内，并在植物体内传导扩散，对植物本身无害，而能使取食植物的害虫中毒死亡，如吡虫啉等。

（5）拒食剂 药剂能影响害虫的正常生理功能，消除其食欲，使害虫饥饿而死，如拒食胺等。

（6）引诱剂 药剂本身无毒或毒效很低，但可以将害虫引诱到一处，便于集中消灭，如棉铃虫性诱剂等。

（7）驱避剂 药剂本身无毒或毒效很低，但由于具有特殊气味或颜色，可以使害虫逃避而不来为害，如樟脑丸、避蚊油等。

(8) 不育剂 药剂使用后可直接干扰或破坏害虫的生殖系统而使害虫不能正常生育，如喜树碱等。

(9) 昆虫生长调节剂 药剂可阻碍害虫的正常生理功能，扰乱其正常的生长发育，形成没有生命力或不能繁殖的畸形个体，如灭幼脲等。

(10) 增效剂 这类化合物本身无毒或毒效很低，但与其他杀虫剂混合后能提高防治效果，如激活酶、细胞修复酶等。

(二) 杀螨剂

杀螨剂是主要用来防治危害植物的螨类的药剂。根据它的化学成分，可分为有机氯、有机磷、有机锡等几大类。另外，有不少杀虫剂对防治螨类也有一定的效果，如齐螨素、阿维菌素等。

(三) 杀菌剂

杀菌剂是用来防治植物病害的药剂，它的销售额在我国仅次于杀虫剂。

1. 按化学成分分类 可分为四类：天然矿

物或无机物质成分的无机杀菌剂，如石硫合剂等；人工合成的有机杀菌剂，如酸式络氨铜、吗胍铜等；植物中提取的具有杀菌作用的植物性杀菌剂，如辛菌胺醋酸盐、香菇多糖、大蒜素等；用微生物或它的代谢产物制成的微生物杀菌剂，又称抗生素，如地衣芽孢杆菌、多抗菌素、井冈霉素等。

2. 按作用方式分类 可分为保护剂和治疗剂两种。

(1) 保护剂 在病原菌侵入植物前，将药剂均匀的施在植物表面，以消灭病菌或防止病菌入侵，保护植物免受危害。应该注意，这类药剂必须在植物发病前使用，一旦病菌侵入后再使用，效果很差。如波尔多液、石硫合剂、百菌清、代森锰锌等。

(2) 治疗剂 病原菌侵入植物后，这类药剂可通过内吸进入植物体内，传导至未施药的部位，抑制病菌在植物体内的扩展或消除其危害。如酸式络氨铜、辛菌胺、辛菌胺醋酸盐、地衣芽孢杆菌、多抗霉素等。

3. 按施药方法分类 可分为三类：在植物

茎叶上施用的茎叶处理剂，如粉锈宁等；用浸种或拌种方法以保护种子的种子处理剂，如地衣芽孢杆菌种子包衣剂、拌种灵等；用来对带菌的土壤进行处理以保护植物的土壤处理剂，如吗啉胍·硫酸铜、五氯硝基苯等。

(四) 杀线虫剂

杀线虫剂是用来防治植物病原线虫的一类农药，如线虫磷、硫酸铜等。施用方法多以土壤处理为主。另外，有些杀虫剂也兼有杀线虫作用，如阿维菌素等。

(五) 除草剂

除草剂是用以防除农田杂草的一类农药，近年来发展较快，使用较广，在我国农药销售额中居第三位。

1. 按对植物作用的性质分类　可分为两类：无选择性，"见绿都杀"，可使接触此药的植物均受害致死的灭生性除草剂，如草甘膦、草铵膦等；在一定剂量范围内在植物间具有选择性，只毒杀杂草而不伤作物的选择性除草剂，如敌稗等。

2. 按杀草的作用方式分类　也可分两类：

施药后能被杂草吸收，并在杂草体内传导扩散而使杂草死亡的内吸性除草剂，如西玛津、扑草净等；施药后不能在杂草内传导，而是杀伤药剂所接触的绿色部位，从而使杂草枯死的触杀性除草剂，如二苯醚类、唑草酮等。

另外，按除草剂的使用方法还可分为土壤处理剂和茎叶处理剂两类。

（六）杀鼠剂

杀鼠剂是用以防治鼠害的一类农药。杀鼠剂按化学成分可分为无机杀鼠剂［如磷化锌（已限用）等］和有机合成杀鼠剂（如敌鼠钠盐等）；按作用方式可分为急性杀鼠剂（如安妥等）和作用缓慢的抗凝血杀鼠剂（如大隆等）。

（七）植物生长调节剂

植物生长调节剂是一类能够调节植物生理机能，促进或抑制植物生长发育的药剂。按作用方式可将其分为两类：一类是生长促进剂，如赤霉素、芸薹素内酯、复硝酚钠等；另一类是生长抑制剂，如矮壮素、青鲜素、胺鲜酯等。但应该注意的是，这两种作用并不是绝对的，同一种调节剂在不同浓度下会对植物有不同的作用。

二、农药的剂型及特点

原药经过加工，成为不同外观形态的制剂。外观为固体状态的称为干制剂；为液体状态的称为液制剂。制剂可供使用的形态和性能的总和称为剂型。除极少数农药原药如硫酸铜等不需加工可直接使用外，绝大多数原药都要经过加工，加入适当的填充剂和辅助剂，制成含有一定有效成分、一定规格的制剂，才能使用。否则就无法借助施药工具将少量原药分散在一定面积上，无法使原药充分发挥药效，也无法使一种原药扩大使用方式和用途，以适应各种不同场合的需要。同时，通过加工，制成颗粒剂、微囊剂等剂型，可使农药耐贮藏，不变质，并且可将剧毒农药制成低毒制剂，使用安全。

随着农药加工业的发展，农药剂型也由简到繁。依据农药原药的理化性质，一种原药可加工成一种或多种制剂。目前世界上已有 50 多种剂型，我国已经生产和正在研制的有 30 多种。

1. 粉剂 粉剂是用原药加上一定量的填充

料混合加工制成的。在质量上，粉剂必须保证一定的粉粒细度，要求 95% 能通过 200 目筛，分离直径在 30 微米以下。粉剂施药方法简易方便，既可用简单的药械撒布，也可混土用手撒施，具有喷撒功效高、速度快、不需要水、不宜产生药害、在作物中残留量较少等优点。粉剂用途广泛，可以喷粉、拌种、制毒土、配置颗粒剂、处理土壤等。但其易被风雨吹失，污染周围环境；不易附着植物体表；用量较大；防治果树等高大作物的病虫害时一般不能获得良好的效果。如丁硫克百威干粉剂等。

2. 可湿性粉剂 可湿性粉剂是原药与填充料极少量湿润剂按一定比例混合加工制成的。具有在水溶液中分散均匀、残效期长、耐雨水冲刷、贮运安全方便、药效比同一种农药的粉剂高等特点。适合于兑水喷雾。如多抗霉素可湿性粉剂。

3. 乳油 乳油是将原药按一定比例溶解在有机溶剂中，加入一定量的乳化剂而配成的一种均匀油状药剂。乳油加水稀释后呈乳化状。它具有有效成分含量高、稳定性好、使用方便、耐贮存等特点，其药效比同一药剂的其他剂型要高，是目前最常用的剂型之一，可用来喷雾、泼浇、拌种、浸种、处理土壤等。如阿维菌素乳油等。

4. 颗粒剂 颗粒剂是用原药、辅助剂和载体制成的粒状制剂。具有用量少、残效期长、污染范围小、不易引起作物药害和人、畜中毒等特点，主要用来撒施或处理土壤。如辛硫磷颗粒剂。

5. 胶悬剂 胶悬剂又称悬浮剂，是由原药、悬载体、分散剂混合制成的药剂。具有有效成分含量高、在水中分散均匀、在作物上附着力强、不易沉淀等特点。它可分为水胶悬剂和油胶悬剂。水胶悬剂用来兑水喷雾，如很多除草剂都做成该剂型；油胶悬剂不能兑水喷雾，只能用于超低容量喷雾，如 10％硝基磺草酮油胶悬剂。

6. 微胶囊剂 微胶囊剂是将农药的原药用具有控制释放作用或保护膜作用的物质包裹起来的微粒状制剂。该剂型显著降低了有效成分的毒性和挥发性，可延长残效期。

7. 烟剂 烟剂是由原药、燃料、助燃剂、阻燃剂，按一定比例均匀混合而成。烟剂主要用于防治温室、仓库、森林等相对密闭环境中的病虫害。具有防效高、功效高、劳动强度小等优点。如保护地常用的杀虫烟剂 20％异丙威烟剂，食用菌棚室常用的消毒除杂菌的烟剂 10％百菌清烟剂。

8. 超低容量喷雾剂　一般是含农药有效成分 20％～50％的油剂，不需稀释而用超低量喷雾工具直接喷洒。如花卉常用的保色保鲜灵等。

9. 气雾剂　气雾剂是将农药的原药分散在发射剂中，从容器的阀门喷出并分散成细雾滴或微粒的制剂。主要用于室内防治卫生害虫，如灭害灵等。

10. 水剂　水剂是把水溶性原药溶于水中而制成的匀相液体制剂。使用时再加水稀释，如杀菌剂酸式络氨铜、辛菌胺等。

11. 种衣剂　用于种子处理的流动性黏稠状制剂，或水中可分散的干制剂，加水后调成浆状。该制剂可均匀的涂布于种子表面，溶剂挥发后在种子表面形成一层药膜。如防治小麦全蚀病的地衣芽孢杆菌包衣剂。

12. 毒饵　将农药吸附或浸渍在饵料中制成

的制剂，多用于杀鼠剂。

13. 塑料结合剂　随着塑料薄膜覆盖技术的推广，现在出现了具有除草作用的塑料薄膜，而且具有缓释作用。其制备方法是直接把药分散到塑料母体中，加工成膜，也可以把药聚合到某一载体上，然后将其涂在膜的一面。

14. 气体发生剂　气体发生剂指由组分发生化学变化而产生气体的制剂。如磷化铝片剂，可与空气中的水分发生反应而产生磷化氢气体。可用于防治仓储害虫。

在实际生产中，要考虑高效、环保、安全、好用等因素，确定生产剂型的一般原则是：能生产可溶粉的不做成水剂，能生产成水剂的不做可湿性粉剂，能生产成可湿性粉剂的不做成乳油；选择填料时能用水不用土，能用土不用有机溶剂等。

三、农药的应用

（一）农药使用基本原则

使用农药防治病、虫、草、鼠害，必须做到

安全、经济、有效、简易。具体应掌握以下几个原则：

1. 选用对口农药　各种农药都有自己的特性及各自的防治对象，必须根据防治对象选定对它有防治效果的农药，做到有的放矢，药到"病"除。

2. 按照防治指标施药　每种病虫害的发生数量要达到一定的程度，才会对农作物的危害造成经济上的损失。因此，各地植保部门都制定了当地病、虫、草、鼠的防治指标。如果没有达到防治指标就施药防治，就会造成人力和农药的浪费；如果超过了防治指标再施药防治，就会造成经济上的损失。

3. 选用适当的施药方法　施药方法很多，各种施药方法都有利弊，应根据病虫的发生规律、为害特点、发生环境、农药特性等情况确定适宜的施药方法。如防治地下害虫，可用拌种、拌毒土、土壤处理等方法；防治种子带菌的病害，可用药剂处理种子或温汤浸种等方法；用对种子胚芽比较安全的地衣芽孢杆菌拌种既能直接对种子表面消毒，又能在种子生根发芽时代谢高温蛋白因子对作物进行二次杀菌和增加免疫力等。

由于病虫为害的特点不同，施药具体部位也不同，如防治棉花苗期蚜虫，喷药重点部位在棉苗生长点和叶背；防治黄瓜霜霉病时着重喷叶背；防治瓜类炭疽病时，叶正面是喷药重点。

4. 掌握合理的用药量和用药次数 用药量应根据药剂的性能、不同的作物、不同的生育期、不同的施药方法确定。如棉田用药量一般比稻田高，作物苗期用药量比生长中后期低。施药次数要根据病虫害发生时期的长短、药剂的持效期及上次施药后的防治效果来确定。

5. 轮换用药 对一种防治对象长期反复使用一种农药，很容易使这种防治对象对这种农药产生抗性，久而久之，施用这种农药就无法控制这种防治对象的危害。因此，要轮换、交替施用对防治对象作用不同的农药，以防抗性的产生。

另外，也要搞好安全用药，合理的混用农药。

（二）农药使用方法

1. 喷雾 喷雾是利用喷雾器械把药液雾滴

均匀的喷洒到防治对象及寄主体上的一种施药方法，这是农药最常用的使用方法。喷雾法具有喷洒均匀、黏着力强、不易散失、残效持久、药效好等优点。根据单位面积喷施药液量的多少，可将喷雾分为常量喷雾、低容量喷雾、超低容量喷雾。如用喷雾法杀虫、防病治病、调节常常是一次进行。

2. 喷粉　喷粉是利用喷粉器械将粉剂农药均匀地分布于防治对象及其活动场所和寄主表面上的施药方法。喷粉法的优点是使用简便，不受水源限制，防治功效高；缺点是药效不持久、易冲刷、污染环境等。

3. 种子处理　种子处理是通过浸种或拌种的方法来杀死种子所带病菌或处理种苗使其免受病虫危害。该方法具有防效好、不杀伤天敌、用药量少、对病虫害控制时间长等优点。如用地芽菌对小麦种子包衣。

4. 土壤处理　把杀虫剂敌百虫等农药均匀喷洒在土壤表面，然后翻入或耙入土中，或开沟施药后再覆盖上。土壤处理主要用于防治小麦吸浆虫、地下害虫、线虫等。比如用呋胍·硫酸铜处理土壤传播的病害；用除草剂处理杂草的萌动种子和草芽等。

5. 毒饵 毒饵是利用粮食、麦麸、米糠、豆渣、饼肥、绿肥、鲜草等害虫、害鼠喜吃的饵料，与具有胃毒作用的农药按一定比例拌和制成。常在傍晚将配好的毒饵撒施在植物的根部附近或害虫、害鼠经常活动的地方。

6. 涂抹法 涂抹法是将农药涂抹在农作物的某一部位上，利用农药的内吸作用，起到防治病、虫、草害以及调节作物生长的效果。涂抹法可分为点心、涂花、涂茎、涂干等几种类型。如用络氨铜涂抹树干防治干腐病、枝腐病等。

7. 熏蒸法 熏蒸法是指利用熏蒸剂或容易挥发的药剂所产生的毒气来杀虫灭菌的一种施药方法，适用于仓库、温室、土壤等场所或作物茂密的情况，具有防效高、作用快等优点。

8. 熏烟法 熏烟法是利用烟剂点烟或利用原药直接加热发烟来防治病虫的施药方法，适合在密闭的环境（如仓库、温室）或在郁闭度高的情况（如森林、果园）以及大田作物的生长后期使用。药剂形成的烟雾毒气要有较好的扩散性和适当的沉降穿透性，空间停留时间较长，又不过分上浮飘移，这样才能取得好的效果。选择做烟剂的原药熔点在 300℃ 以上，在高温下要保持药效。如异丙威烟剂和百菌清烟剂。

（三）农药的毒性及预防

1. 农药的毒性 绝大多数农药都是有毒的化学物质，既可以防治病虫害，同时对人、畜也有毒害。

农药进入人、畜体内有三条途径：

①经口腔进入消化道。一般是误食农药或农药污染的食品而造成的。

②经皮肤浸入。一般是直接接触农药或农药污染的衣服、器具而造成的。

③吸收农药的气体、烟雾、雾滴和粉粒而造成的。

我们常将上述三种分别称为口服毒性、经皮毒性和呼吸毒性。另外，根据农药毒性的大小和导致中毒时间的长短，将农药毒性分为急性毒性、亚急性毒性、慢性毒性。

近几年来，随着对农药残留和毒性的研究，人们对农药毒性的评价有了新的认识，对其毒性不只看急性、口服毒性的大小，而主要以它是否易于在自然界消失、是否在生物体内浓缩积蓄为主要指标。原因是有些农药虽然口服毒性高，但接触毒性低，使用比较安全，即使是使用不大安全的农药，也可以通过安全操作措施来避免发生中毒事故。而具有慢性毒性的农药，因其急性毒性较低，常被人们所忽视，但对人、畜的潜在威胁较大，且使用时又无法避免对环境及人体的接触，所以近年来国内外对慢性毒性高农药的使用给予高度的重视。

2. 农药毒性的预防　在农药的运输、保管和使用过程中，要认真学习农药安全使用的有关规定，采取相应的预防措施，防止农药中毒事故的发生。

(1) 农药搬运中的预防措施

①搬运前要检查包装是否牢固，发现破损要重新包装好，防止农药渗透或沾染皮肤。

②在搬运过程中和搬运之后，要及时洗净手、脸和被污染的皮肤、衣物等。

③在运输农药时，不得与粮食、瓜果、蔬菜等食物和日用品混合装载，运输人员不得坐在农

药的包装物上。

（2）农药保管中的预防措施

①保管剧毒农药，要有专用库房或专用柜并加锁；绝对不能和食物、饲料及日用品混放在一起。农户未用完的农药，更应注意保管好。

②保管要指定专人负责，要建立农药档案，出入库要登记和办理审批手续。

③仓库门窗要牢固，通风透气条件要好；库房内不能太低洼，严防雨天进水和受潮。

（3）施药过程中的预防措施

①检查药械有无漏水、漏粉现象，性能是否正常。发现有损坏或工作性能不好，必须修好后才能使用。

②配药和拌种时要有专人负责，在露天上风处操作，以防吸入毒气或药粉。配药时，应该用量筒、量杯、带橡皮头的吸管量取药液。拌种时必须用工具翻拌，严禁直接用手操作。

③配药和施药人员要选身体健康的青壮年，凡年老多病、少年和"三期"（即月经期、孕期和哺乳期）妇女不能参加施药工作。

④在施药时，要穿戴好工作服、口罩、鞋

帽、手套、袜子等，尽量不使皮肤外露。

⑤在施药过程中禁止吸烟、喝水、吃东西，禁止用手擦脸、揉眼睛。

⑥施过药的田块要做好标记，禁止人、畜进入。对施药后剩余的药液等，要妥善处理；对播种后剩余的药种，严禁人、畜食用。

⑦施药结束后，必须用肥皂洗净手和脸，最好用肥皂洗澡。污染的衣服、口罩、手套等，必须及时用肥皂或碱水浸泡洗净。

⑧用过的药箱、药袋、药瓶等，应集中专人保管或深埋销毁，严禁用来盛装食品、用品。

四、农药污染与防控

（一）农药的污染

农药在农业生产中极大地提高了农产品的产量，为日益增长的世界人口提供了丰富的食品。但同时农药又是一类有毒的化学品，尤其是有机氯农药，有机磷农药，含铅、汞、砷、镉等物质的金属制剂，以及某些特异性的除草剂的大量使用造成的农药残留带来了严重的环境污染。

1. 农药污染的概念 农药是一把"双刃剑",一方面它为人类战胜农作物病虫害功不可没,另一方面它对环境的污染和人类的危害也令人担忧。农药污染是指农药中原药和助剂或其有害代谢物、降解物对环境和生物产生的污染。农药及其在自然环境中的降解产物,污染大气、水体和土壤,会破坏生态系统,引起人和动、植物的急性或慢性中毒。农药的大量不合理施用,造成了土壤污染,严重影响了人类的身体健康。土壤农药污染是由不合理施用杀虫剂、杀菌剂及除草剂等引起的。施于土壤的化学农药,有的化学性质稳定,存留时间长,大量而持续施用农药,使其不断在土壤中积累,到一定程度便会影响作物的产量和质量,而成为土壤污染物。另外,农药还可以通过各种途径,如挥发、扩散而转入大气、水体和生物中,造成其他环境要素污染,通过食物链对人体产生危害。

2. 农药污染的方式

(1) 无机农药污染 我国使用的无机氯农药主要是六六六和 DDT。西方国家尚有环戊二烯类化合物艾氏剂、狄氏剂、异狄氏剂等。这些化合物性质稳定，在土壤中降解一般所需的时间为几年甚至几十年。它们可随径流进入水体，随大气漂移至各地，然后又随雨雪降到地面。无机氯农药应用的品种已经很少。在一些地区使用的无机农药主要是含汞杀菌剂和含砷农药。含汞杀菌剂如升汞、甘汞等，它们会伤害农作物，因而一般仅用来进行种子消毒和土壤消毒。汞制剂一般性质稳定，毒性较大，在土壤和生物体内残留问题严重，在中国、美国、日本、瑞典等许多国家已禁止使用。含砷农药为亚砷酸（砒霜）、亚砷酸钠等亚砷酸类化合物，以及砷酸铅、砷酸钙等砷酸类化合物。亚砷酸类化合物对植物毒性大，曾被用作毒饵以防治地下害虫。砷酸类化合物曾广泛用于防治咀嚼式口器害虫，但也因防治面窄、药效低等原因，而被有机杀虫剂所取代。

（2）有机农药污染 我国是农药生产和使用的大国，农药品种有 120 多种，大多为有机农药。田间施药大部分农药将直接进入土壤；蒸发到大气中的农药及喷洒附着在作物上的农药，经雨水淋洗也将落入土壤中，污水灌溉和地表径流也是造成农药污染土壤的原因。我国平均每年每亩农田施用农药 0.927 千克，比发达国家高约 1 倍，利用率不足 30%，造成土壤大面积污染。有机农药按其化学性质可分为有机氯类农药、有机磷类农药、氨基甲酸酯类农药和苯氧基链烷酸酯类农药。前两类农药毒性巨大，且有机氯类农药在土壤中不易降解，对土壤污染较重，有机磷类农药虽然在土壤中容易降解，但由于使用量大，污染也很广泛。后两类农药毒性较小，在土壤中均易降解，对土壤污染不大。

（3）农药包装物的污染　农药是现代农业生产的基本生产资料，随着农药使用范围的扩大和使用时间的延长，农药包装废弃物已成为又一个不可忽视的农业生态污染源。农药包装物包括塑料瓶、塑料袋、玻璃瓶、铝箔袋、纸袋等几十种包装物，其中有些材料需要上百年的时间才能降解。此外，废弃的农药包装物上残留不同毒性级别的农药本身也是潜在的危害。农药包装废弃物的危害来自于两个方面：

①包装物自身对环境的危害。包装物自身以玻璃、塑料等材质为主，这些材料在自然环境中难以降解，散落于田间、道路、水体等环境中，造成严重的"视觉污染"；在土壤中形成阻隔层，影响植物根系的生长扩展，阻碍植株对土壤养分和水分的吸收，导致田间作物减产。在耕作土壤中影响农机具的作业质量，进入水体造成沟渠堵塞；破碎的玻璃瓶还可能对田间耕作的人、畜造成直接的伤害。

②包装物内残留农药毒性危害。残留农药随包装物随机移动，对土壤、地表水、地下水和农产品等造成直接污染，并进一步进入生物链，对环境、生物和人类健康都具有长期的和潜在的危害。

农药废弃包装物对食品安全、生态安全，乃至公共安全存在隐患。在大力消除餐桌污染，提倡食品安全，发展可持续农业的今天，人类在享受化学农药给植物保护带来巨大成果的同时，必须规避其废弃包装物导致的污染。

3. 农药对环境的污染

（1）农药对土壤的污染 土壤是农药在环境

中的"贮藏库"与"集散地",施入农田的农药大部分残留于土壤环境介质中。经有关研究表明,使用的农药,80%～90%的量最终进入土壤。土壤中的农药主要来源于农业生产过程中防治农田病、虫、草害直接向土壤使用的农药;农药生产、加工企业废气排放和农业上采用喷雾时,粗雾粒或大粉粒降落到土壤上;被污染植物残体分解以及随灌溉水或降水带入土壤中;农药生产、加工企业废水、废渣向土壤的直接排放以及农药运输过程中的事故泄漏等。进入土壤中的农药将被土壤胶粒及有机质吸附。土壤对农药的吸附作用降低土壤中农药的生物学活性,降低农药在土壤中的移动性和向大气中的挥发性,同时它对农药在土壤的残留性也有一定影响。农田土壤中残留的农药可通过降解、移动、挥发以及被作物吸收等多种途径逐渐从土壤中消失。

(2)农药对水的污染 农药对水体的污染主要来源于:直接向水体施药;农田施用的农药随雨水或灌溉水向水体的迁移;农药生产、加工企业废水的排放;大气中的残留农药随降雨进入水体;农药使用过程,雾滴或粉尘微粒随风飘移沉降进入水体以及施药工具和器械的清洗等。据有关资料表明，目前在地球的地表水域中，基本上已找不到一块干净的、不受农药污染的水体了。除地表水体以外，地下水源也普遍受到了农药的污染。一般情况下，受农药污染最严重的农田水，浓度最高时可达到每升数十毫克数量级，但其污染范围较小；随着农药在水体中的迁移扩散，从田沟水至河流水，污染程度逐渐减弱，但污染范围逐渐扩大；自来水与深层地下水，因经过净化处理或土壤的吸附作用，污染程度减轻；海水，因其巨大水域的稀释作用污染最轻。不同水体遭受农药污染程度的次序依次为农田水＞河流水＞自来水＞深层地下水＞海水。

(3) 农药对大气的污染 农药对大气污染的途径主要来源于地面或飞机喷雾或喷粉施药；农药生产、加工企业废气直接排放；残留农药的挥发等，大气中的残留农药飘浮物或被大气中的飘尘所吸附，或以气体与气溶胶的状态悬浮于空气中。空气中残留的农药将随着大气的运动而扩散，使大气的污染范围不断扩大，一些高稳定性的农药，如有机氯农药，进入到大气层后传播到很远的地方，污染区域更大。

4. 农药对生物的危害　农药的污染破坏生态平衡，生物多样性受到威胁；农药的大量使用，尤其是高毒农药的使用，打破自然界中害虫与天敌之间原有的平衡。不合理的施用农药，同时毒杀害虫与非靶生物，农药施用后，残存的害虫仍可依赖作物为食料，重新迅速繁殖起来，而以捕食害虫为生的天敌，在施药后害虫未大量繁殖恢复以前，由于食物短缺，其生长受到抑制，在施药后的一段时期内，就可能发生害虫的再度猖獗。农药的反复使用，在食物链上传递与富集，导致种群衰亡，对生物多样性造成严重危害，直接威胁整个生态系统平衡。此外，农药残留超标导致农产品出口创汇受挫，农药中毒，各种污染事故的发生，还给国民经济造成巨大损失。

（1）农药对人体健康的影响　随着人类社会的发展，科学技术水平的提高，化学品对人们生活的影响越来越大。毫无疑问，农药的使用给人们带来了许多好处，但同时也给人类带来了许多不利的影响。农药对人体的危害表现为急性和慢性两种。急性危害中，不同农药中毒以后，有不同的体征反应。据有关部门的不完全统计，我国每年发生的农药中毒事故有几万起，死亡人数较多。农药对人体慢性危害引起的细微效应主要表现在：对酶系的影响；组织病理改变；致癌、致畸和致突变三个方面。农药对人体的急性危害往往易引起人们的注意，而慢性危害易被人们所忽视。值得注意的是，因食用农药残留超标的蔬菜中毒的现象不断发生，原因是一些地方违反农药的有关规定，未安全合理使用农药，特别是使用了一些禁止在蔬菜上使用的高毒、甚至剧毒农药。致使上市蔬菜等农药残留严重超标，发生食物中毒。此外，近年来农药中毒由农民生产性中毒、误服扩大到学校、工厂、工地及普遍居民食物中毒等，危害有进一步扩大的趋势。

(2) 农药对生物多样性的影响 农药作为外来物质进入生态系统，可能改变生态系统的结构和功能，影响生物多样性，这些变化和影响可能是可逆的或不可逆的。并且由于食物链的富集作用，只要农药普遍污染了环境，尽管初始含量并不高，但它们可以通过食物链传递，在生物体内逐渐积累增加，愈是上面的营养级，生物体内有毒物质的残留浓度愈高，也就越容易造成中毒死亡。人处于营养食物链的终端，因此农药污染环境的后果是对人体产生危害。在自然界中，许多野生动物（主要是鸟类）的死亡，往往是浓缩杀虫剂后累积中毒致死的。使用农药，特别是广谱杀虫剂不仅能杀死诸多害虫，也同样杀死了益虫和害虫天敌，昆虫是地球上数量最多的生物种群，全世界有 100 多万种昆虫，其中对农林作物和人类有害的昆虫只有数千种，真正对农林业能造成严重危害的，每年需要防治和消灭的仅有几百种。因此，使用农药杀伤了大量无害的昆虫，不仅破坏了构成生态系的种间平衡关系，而且使昆虫多样性趋于贫乏。

（二）农药污染的防控

我国实施"预防为主，综合防治"的植保方针以来，在病虫害防治上取得了一定的成效，但控制化学农药对环境污染的任务仍相当艰巨，我们必须实施持续植保，针对整个农田生态系统，研究生态种群动态和相关联的环境，采用尽可能相互协调的有效防治措施，充分发挥自然抑制因素的作用，将有害生物群控制在经济损害水平下，使农药对农田生态系统的不良影响减小到最低限度，以获得最佳的经济、生态、社会效益。

1. 提高全民对农药危害的认识 农药是有毒的，但并不可怕，可怕的是人们对它的无知；农药本身没有错，错就错在人们对它的滥用和不合理使用，引起环境的污染。因此，提高全民对这一问题的认识，能够正确、科学、合理地使用农药是解决农药污染问题的重要基础，要经常开展最广泛的群众宣传教育，提高全民的生态环境保护意识，使人们真正认识到农药污染的严重危害性，不仅是关系到当代人的问题，也是影响子孙后代的问题，让全人类都投入到保护生态环境的活动中，这样，解决农药污染的问题便有了希望。

2. 加强农药的管理工作，认真贯彻和完善相应的法律法规 运用法律武器，对农药的生产制造、销售渠道、使用全过程进行有效管理。禁止农药经营者销售无"三证"（即农药登记证、产品标准证、生产许可证）的农药产品。销售无"三证"农药的，依照刑法关于非法经营者罪或者危险物品肇事罪的规定，依法追究刑事责任；不够刑事处罚的，由相应主管部门按照有关规定给予处罚。对制造、销售假农药、劣质农药的，依照有关法律法规追究刑事责任或给予处罚。农业生产经营者，应严格按照农药使用说明书中的要求进行合理施药（特别是进行蔬菜生产时），如不按规定用药而造成食物中毒事件或污染环境的，依照有关条例追究刑事责任或给予处罚。而对于农药的开发利用方面，为保护生态环境方面做出了贡献的，国家和政府应当给予表彰和奖励。

3. 农药新品种的开发　用安全、高效、污染性小的农药取代当前使用的农药品种，是解决农药环境污染问题的关键所在。要求开发的农药新品种在性能、价格、安全性等方面优于当前正在使用的农药，新农药的开发应从环境相容性好、农药好、活性高、安全性好、市场潜力大等方面来考虑，并且应特别注意引进生物技术开发生物农药，从而使新农药的使用对环境中非靶生物影响小，在大气、土壤、水体、作物中易于分解、无残留影响；用量少，对环境污染也少，在动物体内不累积迅速代谢排出，且代谢产物也无毒性，无致癌、致畸、致突变的潜在遗传毒性。

4. 农药生产过程中的污染控制 农药生产过程针对每个生产环节产生的废气、废水和废渣的性质，应用相应的物理、化学、生物等方法处理，达标后方能排放。建议加快无废或少废生产工艺的开发研究，从改革工艺入手，提高产品回收率，减少污染物的排放，从根本上来解决污染问题；加强综合利用研究，合理利用资源；加强企业技术改造，更新落后的生产工艺和设备，对落后的生产工艺和设备，应加快改造进程，对污染严重又无治理条件的中、小型企业实行关、停、并、转，严格限制农药的设计规模，逐步实现大型化、集中化生产。

5. 农业生产过程中的污染控制

(1) 提高农业生产经营者的技术技能 农业生产过程中首先要对广大的生产经营者进行培训，使他们能正确、合理地使用化学农药来进行作物病虫害的防治，进行规范化生产，使既能把农药污染控制在最低范围内，产品又能达到无公害化，实现生产效益、社会效益与经济效益的统一。

(2) 综合防治病虫害 农业生产过程中对病虫害的防治按照"以防为主，综合防治"的植保方针，坚持"农业防治、物理防治、生物防治为主，化学防治为辅"的无害化治理原则。进一步改进栽培技术、改良品种，生产中选用抗病品种，针对当地主要病虫控制对象，选用高抗的品种，实行严格轮作制度，有条件的地区实行水旱轮作。培育适龄壮苗，提高抗逆性，深沟高畦栽培，严防积水、清洁田园。测土平衡施肥，增施充分腐熟的有机肥，少施化肥，积极保护利用天敌，采用生物药剂和生物源农药防治病虫害。

(3) 推广作物健身栽培 指在作物丰产营养学观点指导下，从栽培措施入手，使植物生长健壮，综合运用生态学的观点有利天敌的生存繁衍，而不利于病虫的发生。这是目前在植物病虫防治上的新特点，也是保护利用自然控制因素的基础。充分运用肥料学、土壤学、植物生理学、植物营养学和生态学的观点和最新技术理论，来综合解决作物自身以及自身与周边环境的协调，以达到有利于作物最优的环境生长条件，从而获得作物最优的生长和积累。

第四讲
小麦病虫害适期防治技术

一、小麦播种期至越冬期病虫害防治

小麦播种期至越冬期（9月下旬至翌年2月中旬）主要防治对象及防治措施如下：

1. 主要防治对象 全蚀病、腥黑穗病、散黑穗病、秆黑粉病、纹枯病、根腐病、斑枯病；蝼蛄、蛴螬、金针虫、吸浆虫、麦蜘蛛、麦蚜、灰飞虱。

2. 主要防治措施

（1）农业防治 选用抗、耐病品种，注意品种合理布局，避免单一品种种植；秋耕时做到深耕细耙，精细整地，减少病虫基数；施用经高温堆沤、充分腐熟的有机肥，应用配方施肥技术；根据品种特性、地力水平和气候条件，在适播期内做到精量、足墒下种，促进麦苗早发，培育壮苗，以增加植株自身抗病能力，减轻危害。

（2）化学防治

①土壤处理。对地下害虫和小麦吸浆虫并重或单独重发区，要进行药剂土壤处理，每亩用阿维·菌毒二合一或40%辛硫磷乳油300毫升，加水1～2千克，拌沙土25千克制成毒土，犁地前均匀撒施地面，随犁地翻入土中。对小麦全蚀病严重发生田每亩用80亿单位地衣芽孢杆菌200毫升或28%井冈·多菌灵300毫升或70%甲基硫菌灵可湿性粉剂2.0～2.5千克拌细土25千克撒施，重病区施药量可适度增加。病虫混发区用上述两种药剂混合使用。

②药剂拌种。要大力推广应用包衣种子，对非包衣种子播种前采用优质对路的种衣剂包衣或杀虫、杀菌剂混合拌种：用菌衣地虫死、菌衣无地虫、菌衣地虫灵直接包衣；杀虫剂可选用吡·杀单、噻虫嗪、辛硫磷等；杀菌剂可选用地衣芽孢杆菌、辛菌胺、敌磺钠、多抗霉素、戊唑醇、咯菌腈、苯醚甲环唑等。任选一种杀虫剂与杀菌

剂混合拌种，方法是：用 40％辛硫磷乳油 20 毫升，加 80 亿单位地衣芽孢杆菌水剂 20～50 毫升、1.8％辛菌胺水剂 20 毫升、50％敌磺钠可湿性粉剂 15 克、3％多抗霉素可湿性粉剂 10 克、3％苯醚甲环唑种衣剂 15～20 毫升，或 2.5％咯菌腈种衣剂 15～20 毫升、12.5％烯唑醇可湿性粉剂 8 克、2％立克秀种衣剂 10～15 克，兑水 0.5 千克均匀拌麦种 10 千克。待药膜包匀后，晾 3～5 分钟后播种。如不能及时播种，必须用透气的袋子装，若是普通编织袋要扎几个孔后再装包好的种子。可有效预防小麦全蚀病、纹枯病、叶枯病等土传病害。

二、小麦返青期至抽穗期病虫害防治

小麦返青期至抽穗期（2 月中旬至 4 月下旬）主要防治对象及防治措施为：

1. 主要防治对象 纹枯病、白粉病、锈病、颖枯病；地下害虫、麦蜘蛛、麦蚜、吸浆虫、麦叶蜂。

2. 主要防治措施 适时灌水，合理均匀施肥，增施磷、钾肥。用12.5%烯唑醇可湿性粉剂按每亩有效成分15克，加水30千克喷洒；亩用70%甲基硫菌灵有效成分15～30克，加水30千克喷洒；用90%敌百虫晶体0.5千克，加水10～15千克，拌炒香麦麸10～15千克，于傍晚亩撒1.5～2.5千克。用15%哒螨灵乳油或20%粉剂或者20%三氯·哒螨乳油1 500～2 000倍液，亩喷药液50千克；亩用5%吡虫啉乳油7～10毫升加水50千克喷洒。

三、小麦抽穗期至成熟期病虫害防治

小麦抽穗期至成熟期（4月底至5月底）主要防治对象及防治措施为：

1. 主要防治对象 白粉病、赤霉病、黑胚病；地下害虫、麦蜘蛛、麦蚜、黏虫、吸浆虫。

2. 主要防治措施 小麦扬花率10%以上时，每亩用25%酸式络氨铜水剂或50%多菌灵可湿性粉剂或28%井冈·多菌灵悬乳剂75～100克，加水 30～45 千克喷洒；或亩用 12.5％烯唑醇 15 克，加水 30 千克喷洒，防治病害。用 50％辛硫磷 1 000 倍液或 15％哒螨灵乳油 1 500～2 000 倍液或 4.5％高效氯氰菊酯乳油 1 000～1 500 倍液或 40％氧化乐果 1 000～1 500 倍液，亩喷药液 50 千克防治虫害。

第五讲
玉米病虫害适期防治技术

一、玉米播种期病虫害防治

1. 主要防治对象 地下害虫、黑粉病、丝黑穗、粗缩病。

2. 主要防治措施 50％辛硫磷乳油 0.5 千克兑 80 亿单位地衣芽孢杆菌水剂 5 千克，拌种 250～500 千克，晾 3～5 分钟后播种，如不能及时播种，必须用透气的袋子装，若是普通编织袋要扎几个孔口后再装包好的种子。毒饵诱杀地下害虫，将麦麸、豆饼等炒香，每 100 千克饵料用 90％敌百虫晶体 2 千克加水 10 千克稀释后拌入，在黄昏时撒入田间，若能在小雨后防治，效果更好。用 80 亿单位地衣芽孢杆菌水剂或用 20％吗啉胍·铜水剂按药种比为 1：50 拌种；或用 50％多菌灵可湿性粉按种子量的 0.5％剂量拌种，防黑粉病和丝黑穗病。

二、玉米苗期病虫害防治

1. 主要防治对象 地老虎、红蜘蛛、蝼蛄、玉米铁甲、玉米蚜；纹枯病、粗缩病、黑条矮缩病、圆斑病。

2. 主要防治措施

(1) 地老虎防治 消除田边、地头杂草，消灭卵和幼虫，地老虎入土前用90%敌百虫800～1 000倍液喷雾；幼虫入土后每亩用50%敌敌畏或50%的辛硫磷0.2～0.25千克，兑水400～500千克顺垄灌根，或用90%敌敌畏0.5千克或辛硫磷0.5千克加水稀释后，拌碎鲜草50千克，于傍晚撒于玉米苗附近。菊酯类农药每亩用30～50毫升，兑水40～60千克喷雾。为害轻的地块也可人工捕捉，每日清晨在为害苗附近扒土捕捉幼虫。

(2) 红蜘蛛防治 清除田边、地头杂草，用60%敌敌畏乳油＋20%乐果加水2 000～3 000倍液喷洒，或用0.9%齐螨素乳油2 500倍液、

15%哒螨灵乳油 1 000～1 500 倍液，每亩 40 千克喷雾。

(3) 蝼蛄防治 毒饵诱杀，将麦麸、豆饼等炒香，每 50 千克饵料拌入 90%敌百虫 0.5 千克，加水 5 千克稀释后拌匀，在黄昏时撒入田间，小雨后防治效果更好。

(4) 玉米铁甲防治 人工捕虫，每天上午 9 时前，连续扑杀成虫。化学防治，在成虫产卵盛期和幼虫卵孵率达 15%～20%时进行药剂防治，每亩用 90%敌百虫晶体 75 克，加水 60～75 千克喷雾。

(5) 玉米蚜防治 农业防治，消灭田边、路边、坟头杂草，消灭滋生基地。生物防治，利用天敌，以瓢治蚜。化学防治，0.5%阿维菌素 1 000倍液，60%敌敌畏乳剂 1 500～2 000 倍液或 50%马拉硫磷乳剂 1 000 倍液，每亩 50 千克喷雾。

(6) 纹枯病防治 农业防治，实行轮作，及时排除田间积水，消除病叶。化学防治，发病初期，亩用 25%络氨铜水剂 30 毫升或 28%井冈·多菌灵悬浮剂 50～100 克加水 30 千克喷雾，或每亩用 25% 三唑酮可湿性粉剂有效成分 15～20 克加水 50 千克喷雾。严重地块，隔 7～10 天防治一次，连续防 3 次，要求植株下部必须着药。

（7）玉米粗缩病防治 农业防治，做好小麦丛矮病的防治，减少灰飞虱的虫口，适当调整玉米播期，麦套玉米要适当晚播，减少共生期，提倡麦收灭茬后再播种；加强田间管理，及时中耕除草，追肥浇水，提高植株抗病能力；结合间苗、定苗及时拔除病株，减少毒源。化学防治，抓住玉米出苗前后这一关键时期，用 80 亿单位地衣芽孢杆菌 800 倍液，或用 20% 吗啉胍·铜水剂 50～100 克加水 30～50 千克喷施，喷匀为度，连用 2 次间隔 3 天。

（8）玉米黑条矮缩病防治 农业防治，把好第一次灌水时间关，力争适时。化学防治，每亩用 20% 吗胍·铜水剂 50 毫升，或 30% 氮苷·吗啉胍可湿性粉剂 25 克；粗缩病严重时加高能锌，发病初期开始喷药，间隔 3 天连喷 2 次，以后每隔 7～10 天喷一次，连喷 2～3 次，灭虫防治在灰飞虱迁入玉米地初期，连续防治 2～3 次，每次用药时间间隔 1 周左右，每亩用 40% 氧化乐果乳油 50～100 毫升加水 75 千克喷雾；泼浇时，每亩加水 400～500 千克。

（9）圆斑病、黄粉病防治　农业防治主要是对病区种子外调加强检疫。化学防治，发病初期开始喷药，以后每隔 7～10 天喷一次，连喷 2～3 次，每亩用 45％代森铵水剂 100 毫升，或 30％氮苷·吗啉胍可湿性粉剂 25 克，或 70％甲基硫菌灵可湿性粉剂 800 倍液 50 千克喷雾，或用 25％戊唑醇可湿性粉剂 1 000 倍液 50 千克喷雾。

三、玉米中后期病虫害防治

1. 主要防治对象　玉米螟、蓟马、黏虫、红蜘蛛、棉铃虫、甜菜夜蛾；锈病、细菌性角茎腐病、干腐病、青枯病。

2. 主要防治措施

（1）蓟马防治　0.5％阿维菌素乳油 1 000 倍液，常规喷雾。

（2）红蜘蛛防治　0.5％阿维菌素乳油800～1 000 倍液，0.9％齐螨素乳油 2 500～3 000 倍

液或 15%扫螨净 1 000～1 500 倍液，常规喷雾。

(3) 玉米螟防治 在各代玉米螟产卵初期、始盛期和高峰期 3 次放赤眼蜂，每亩每次放蜂1.5 万～2.0 万头，每亩投放点 5～10 个。心叶期每亩用 1.5%辛硫磷颗粒剂 3～5 千克丢心；也可用 1%甲维盐乳油，90%敌百虫晶体1 500～2 000 倍液灌心叶。5 至 10 叶期每亩用70%吡·杀单可湿性粉剂 50 克兑水 500～600 倍液，把喷头去掉用喷雾器杆喷口。打苞露雄期，当幼虫侵入雄穗时，可用 50%敌敌畏乳油 2 000倍液或 4.5%高效氯氰菊酯乳油 1 000 倍液灌穗。

(4) 棉铃虫防治 玉米抽雄授粉结束后，除去雄穗，清除部分卵和幼虫，利用成虫趋味、趋光的特性，用杨柳枝和黑光灯诱杀成虫，保护田间有益生物。

(5) 甜菜夜蛾防治 田间出现卵高峰后 7 天左右为幼虫 3 龄盛期，也是防治有利适期，主要用药有：1%甲维盐乳油或灭幼脲 3 号 500～1 000倍液＋4.5%高效氯氰菊酯乳油 1 000 倍液于早上 8 时前和下午 6 时后喷药。

(6) 黏虫防治 利用小谷草把诱杀成虫。在发生量小时可人工捉杀幼虫。化学防治，用25%辛硫磷乳剂，3龄前每亩80～100毫升，3龄后每亩用100～200毫升，或每亩用2.5%敌百虫、5%马拉硫磷1.5～2千克超低量喷雾。菊酯类常规喷雾。

(7) 玉米锈病防治 农业防治，选用抗病品种，合理增施磷、钾肥，及早拔除病株。化学防治，发病初期用45%代森铵800倍液或用0.2波美度石硫合剂喷雾；或亩用12.5%烯唑醇可湿性粉剂有效成分10～12克，常规喷雾。

(8) 青枯病防治 农业防治，玉米抽雄期追施一次钾肥，并注意排水，特别是暴雨后要及时排水、中耕。化学防治，23%络氨铜，或80亿单位地衣芽孢杆菌，也可叶面喷洒2.85%萘乙酸·复硝酚钠防治。

(9) 玉米细菌性角茎腐病防治 农业防治，苗期增施磷、钾肥，合理浇水，做好排水，降低田间湿度。化学防治，用20%噻菌铜悬浮剂喷施，1 000倍液喷均匀为度，严重时加高能硼胶囊1粒，或瑞毒霉系列药品在喇叭口期喷雾防治。

(10) 玉米干腐病防治 农业防治，主要是搞好检疫；实行 2～3 年轮作；及时采收果穗。化学防治，在抽穗期施药，用 23％络氨铜 800 倍液喷雾，重点喷果穗及下部茎叶，隔 7 天再喷一次。

(11) 玉米赤霉穗腐病防治 农业防治，如实行轮作，合理施肥，注意防虫，减少伤口，充分成熟后收获，果穗充分晾晒后入仓储藏等。化学防治，用 1.8％辛菌胺 800 倍液喷施，喷匀为度。

第六讲
水稻病虫害适期防治技术

水稻病虫害种类多，危害严重，应采取综合防治措施进行防治。

一、水稻种子处理

采取石灰水浸种。催芽前，用石灰水浸种，可减轻白叶枯病和稻瘟病的发生。采取石灰水浸种后，白叶枯病、稻瘟病的病株率分别比对照降低 33.75％和 23.23％。石灰水浸种方法简便，成本低廉，又不增加工序，易于推广。先配成 1％石灰水后，倒入种子，使种子距离水面 14 厘米以下，不要搅动水层，浸 2～3 天（气温 15～20℃时浸 3 天，25℃时浸 2 天），浸好后捞起洗净催芽。

二、水稻肥水管理

在肥料的运筹上推广配方施肥和重施底肥，做到氮、磷、钾肥合理配合，有机肥、化肥搭配使用，对控制病虫草危害和水稻增产起到一定作用，避免串灌、漫灌和长期灌深水，分蘖末期及时晒田结扎，促进植株健壮生长、降低田间湿度，可减轻纹枯病、稻飞虱等多种病虫害的发生、危害。

三、水稻病虫害化学防治

目前药剂防治仍是病虫防治的重要手段。但必须讲究防治策略，抓好病虫预测预报，合理施药，准确防治适期，以稻蓟虫、稻飞虱、白叶枯病、纹枯病为重点，兼治其他病。

1. 秧苗期 应以稻蓟马防治为主，兼治苗稻瘟。可在稻蓟马卷叶株率达 15% 以上时，亩用 5% 高效氯氰菊酯可湿性粉剂 800 倍液 15 千克（加糯米汤 600 毫升）喷雾。防治苗稻瘟，可在田间出现中心病株时，用 20% 三环唑可湿性粉剂每亩 20～27 克，兑水 75～100 千克喷雾。

2. 分蘖、孕穗期 应以稻螟虫、纹枯病防治为主，兼治稻纵卷叶螟、稻飞虱、稻苞虫等。稻螟虫在卵孵盛期，对亩卵量达 80 块以上的田块，及时喷药防治。常用药剂有 50% 杀螟松每亩 100 克兑水 50 千克喷雾，还可以兼治稻飞虱、稻纵卷叶螟、稻苞虫等。也可以用 2.5% 敌杀死每亩 20 毫升喷雾，既可杀蚁螟，又可杀卵，防治效果达 100%。兼治其他害虫，但不能连续使用，以免产生抗药性。纹枯病在病丛率达 20% 以上时施药，亩用 15% 粉锈宁 55～75 克，兑水 50 千克喷雾，且兼治其他病害。若单治纹枯病，每亩仅用 5 万单位井冈霉素 100 毫升喷雾即可。

3. 抽穗、灌浆、乳熟期 应以稻飞虱、白叶枯病为防治重点，兼治其他病虫。防治稻飞虱，当百蔸稻有虫 1 000 头以上，益害比（稻田蜘蛛与稻飞虱之比）超过 1∶5 时，亩用 50% 敌敌畏 200 克拌细沙土 20 千克撒施，施药时田间要保持浅水层。也可以用 25% 扑虱灵每亩 20～25 克，兑水 50 千克喷雾或迷雾。防治白叶枯病，当田间出现中心病株时，亩用 25％叶枯唑或叶枯净 200 克，或 50％代森铵 100 克兑水 50千克喷雾。防治穗颈瘟，可在孕穗前期或齐穗期施药，每亩用 40％稻瘟灵乳剂 100 克，兑水 75千克喷雾，防效 90％以上。

四、水稻田化学除草

搞好化学除草的关键是田要整平，选好对口农药，抓住施药适期，田间施药要适当。化学除草应以秧田为重点，其次才是插秧大田。秧田畦整好后，播种前，亩用 50％杀草丹乳剂 75～100克兑水 50 千克喷雾，或播后苗前，亩用 72％草达灭乳油 250 克，或 60％丁草胺乳油 100 克兑水 50 千克喷雾，施药后保持浅水层 5～7 天，对稗草防除效果分别为 97.6％和 86.9％。还可以兼除其他杂草。栽插大田，在插秧后 3～7 天、稗草一叶一心期，亩用 50％苯噻酰·苄可湿性粉剂 40～60 克（南方）或 80 克（北方），拌细土 10～15 千克撒施。保水层 3～5 厘米 5～7 天。一次施药可基本控制杂交稻整个生育期的草害。

也可以在秧苗移栽后返青前，亩用72％草达灭乳油250克喷第一次，分蘖期双子叶杂草4～6叶时，亩用25％苯达松水剂250～300克喷第二次。田间正常灌水。前期对稗草，后期对鸭舌草、三菱草、野慈姑等杂草都有很好的控制作用。

第七讲
马铃薯病虫害适期防治技术

　　马铃薯已成为我国第四大粮食作物，正在实施主粮化。该作物具有生产周期短、增产潜力大、市场需求广、经济效益好等特点，近年来种植规模发展很快，已成为一条农民增产增收的好途径。由于规模化种植和气候等因素的影响，马铃薯病虫害呈逐年加重趋势，严重影响了马铃薯产业的发展。

一、 马铃薯主要病虫害

　　晚疫病、早疫病、青枯病、环腐病、病毒病、疮痂病、癌肿病、黑胫病、线虫、黑痣病；二十八星瓢虫、马铃薯甲虫、小地老虎、蚜虫、蛴螬、蝼蛄、块茎蛾。

二、马铃薯病虫害防治技术

1. 马铃薯晚疫病

（1）选用脱毒抗病种薯。

（2）种薯处理　严格挑选无病薯作为种薯，采用 64% 杀毒矾粉剂 50 克＋50% 多菌灵粉剂 100 克兑水 1 千克将 100～150 千克种薯均匀喷洒后，晾干或阴干进行播种。

（3）栽培管理　选择土质疏松、排水良好的地块种植；避免偏施氮肥和雨后田间积水；发现中心病株及时清除。

（4）药剂防治　采用 58% 甲霜灵·锰锌粉剂 50 克兑水 1 千克将 100～150 千克种薯均匀喷洒后，晾干或阴干进行播种。

2. 马铃薯早疫病　早疫病于发病初期用1∶1∶200 波尔多液或 77% 的氢氧化铜可湿性微粒粉剂 500 倍液茎叶喷雾，7～10 天喷一次，连喷 2～3 次。

3. 马铃薯青枯病　目前还未发现防治青枯病的有效药剂，主要还是以农业防治为主。可用

46.1％氢氧化铜水分散粒剂 800 倍液进行灌根或用 25％络氨铜水剂 600 倍液灌根。

4. 马铃薯环腐病

（1）实行无病田留种，采用整薯播种。

（2）严格选种 播种前进行室内晾种和削层检查，彻底淘汰病薯。切块种植，切刀可用 53.7％氢氧化铜干悬浮剂 400 倍液浸洗灭菌。切后的薯块用 90％新植霉素粉剂 5 000 倍液或 47％春雷·王铜粉剂 500 倍液浸泡 30 分钟。

（3）生长期管理 结合中耕培土，及时拔出病株带出田外集中处理。每亩施用过磷酸钙 25 千克，穴施或按重量的 5％播种，有较好的防治效果。

5. 马铃薯病毒病

（1）建立无毒种薯繁育基地 采用茎尖组织脱毒种薯，确保无毒种薯种植。

（2）品种选择 选用抗病、耐病优良品种。

（3）栽培防病 施足有机底肥，增施磷、钾肥，实施高垄或高埂栽培。

（4）化学防治 早期用 10％的吡虫啉可湿性粉剂 2 000 倍液茎叶喷雾防治蚜虫。喷洒

1.5％植病灵乳剂 1 000 倍液或 20％吗胍·乙酸铜可湿性粉剂 500 倍液。

6. 马铃薯疮痂病 防治技术同环腐病。

7. 马铃薯线虫病 用 55％茎线灵颗粒剂1～15 千克/亩，撒在苗茎基部，然后覆土灌水。

8. 地下害虫 主要包括小地老虎、蛴螬和蝼蛄。防治技术，可用毒土防治的方法，对小地老虎用敌敌畏 0.5 千克兑水 2.5 千克喷在 100 千克干沙土上，边喷边拌，制成毒沙，傍晚撒在苗眼附近；蛴螬和蝼蛄可用 75％辛硫磷 0.5 克加少量水，喷拌细土 125 千克，施在苗眼附近，每亩撒毒土 20 千克。

9. 二十八星瓢虫、甲虫 用 90％敌百虫颗粒 1 000 倍液或 20％氰戊菊酯乳油 3 000 倍液喷雾。

第八讲
大豆病虫害适期防治技术

一、大豆播种至苗期病虫害防治

1. 主要防治对象　大豆潜根蝇、蛴螬；孢囊线虫病、根结线虫病、紫斑病、霜霉病、炭疽病。

2. 主要防治措施

（1）**大豆潜根蝇**　农业防治，与禾本科作物实行 2 年以上的轮作，增施基肥和种肥。化学防治，采用 80 亿个/毫升地衣芽孢杆菌包衣剂包衣，药种比为 1∶60；5 月末至 6 月初用专治蝇类阿维·菌毒二合一各 20 毫升加水 30 千克喷施，80％敌敌畏乳油 800～1 000 倍液喷雾。

（2）**蛴螬**　用种子重量 0.2％的辛硫磷乳剂拌种，即 50％辛硫磷乳剂 50 毫升拌种 25 千克。或用 5％辛硫磷颗粒剂每亩 2.5～3 千克，加细土 15～20 千克拌匀，顺垄撒于苗根周围，施药以午后 2～6 时为宜。田间喷洒可用菊酯类或辛硫磷乳油 1 000～1 500 倍液，常规喷雾。

(3) 孢囊线虫病和根结线虫病　农业防治，与禾本科作物实行 2 年以上的轮作。化学防治，土壤施药亩用根结线虫二合一（1～2 套）加水 100 千克直接冲施或灌根，或用 2%阿维菌素微囊悬浮剂沟施，每亩用药 1～1.5 千克，兑水 75 千克，然后均匀施与沟内，沟深 20 厘米左右，沟距按大豆行距，施药后将沟覆土踏实，隔 10～15 天在原药沟中播种大豆。或用 10%涕灭威颗粒剂每亩 2.5～3.5 千克，于播种时结合深施肥料施于大豆种子下。

(4) 紫斑病和炭疽病　农业防治，与禾本科作物或其他非寄主植物实行 2 年以上的轮作。化学防治，播前采用 80 亿个/毫升地衣芽孢杆菌包衣剂包衣，药种比为 1：60；0.3%的福美双可湿性粉剂拌种。

(5) 霜霉病　播种时用 5%辛菌胺菌衣剂按药种比 1：50 拌种，种子重量 0.1%～0.3%的 35%瑞毒霉可湿性粉剂或 80%克霉灵可湿性粉剂拌种，也可用种子重量 0.7％的 50％多菌灵可湿性粉剂拌种。

二、大豆成株期至成熟期病虫害防治

1. 主要防治对象 食心虫、豆荚螟、豆天蛾、红蜘蛛、蛴螬；霜霉病、花叶病、锈病。

2. 主要防治措施

(1) 食心虫 用甲维盐、敌敌畏熏杀成虫。幼虫孵化盛期喷 25％快杀灵乳油或 4.5％高效氯氰菊酯乳油 1 000～1 500 倍液，每亩 50 千克喷雾。

(2) 豆荚螟 生物防治，在豆荚螟产卵始盛期释放赤眼蜂每亩 2 万～3 万头；在幼虫脱荚前（入土前）于地面上撒白僵菌剂。化学防治，在成虫盛发期和卵孵盛期喷药，可用阿维菌素、快杀灵、辉丰菊酯、敌百虫等药剂。

(3) 豆天蛾 利用黑光灯诱杀成虫。化学防治，幼虫 1～3 龄前用 1％甲维盐乳油或 40％甲锌宝乳油 1 000～1 500 倍液，每亩 50 千克。

(4) 红蜘蛛 用 0.5％阿维菌素乳油或 1.8％阿维菌素乳油 800 倍或 20％三氯·哒螨乳油 1 500～2 000 倍液，常规喷雾。

(5) 蛴螬 利用黑光灯诱杀成虫，并适时灌水，控制蛴螬。化学防治，用 75％辛硫磷乳剂 1 000～1 500 倍液灌根，每株灌药液不能少于 100～200 克。

(6) 霜霉病 用 10％百菌清油剂 500～600 倍或 30％嘧霉·多菌灵悬浮剂 800 倍液或 35％瑞毒霉粉剂 700 倍液，常规喷雾。所提药剂可交替使用，次间隔 15 天。

(7) 锈病 发病初期每亩用 12.5％烯唑醇可湿性粉剂或 20％粉锈宁乳油 30 毫升或 25％粉锈宁可湿性粉剂 25 克加水 50 千克喷雾，严重时隔 10～15 天再喷一次。

第九讲
谷子病虫害适期防治技术

一、谷子播种至苗期病虫害防治

1. 主要防治对象　蝼蛄、白发病、胡麻斑病。

2. 主要防治措施

（1）蝼蛄　灯光诱杀、堆粪诱杀、毒饵诱杀和药剂拌种，用菌衣地虫死液剂按药种比 1：60 拌种或 50％辛硫磷 0.5 千克加水 20～30 千克，拌种 300 千克。用药量准确，拌混要均匀。

（2）白发病　播种时用地衣芽孢杆菌水剂按药种比 1：60 拌种或 25％瑞毒霉可湿性粉剂，按种子量 0.2％拌种。

（3）胡麻斑病　用地衣芽孢杆菌水剂按药种比 1：60 拌种或 50％多菌灵可湿性粉剂 1 000 倍液浸种 2 天。

二、谷子成株期至成熟期病虫害防治

1. 主要防治对象 胡麻斑病、叶锈病、粟灰螟。

2. 主要防治措施

(1) 胡麻斑病 农业防治，增施有机肥和钾肥，磷、钾肥配合。化学防治，每亩用 23％络氨铜水剂或 28％井冈·多菌灵悬浮剂或 70％甲基硫菌灵可湿性粉剂 75～100 克，常规喷雾。

(2) 叶锈病 用 1.8％辛菌胺水剂 800 倍液喷施，每亩用 20％粉锈宁乳油 30 毫升或 25％粉锈宁可湿性粉剂 25 克加水 50 千克喷雾。

(3) 粟灰螟 苗期（5 月底至 6 月初）可用 0.1％～0.2％辛硫磷毒土撒心。或每亩用 Bt 可湿性粉剂或悬浮剂 250 克或 250 毫升，兑水 50 千克喷雾。

第十讲
甘薯病虫害适期防治技术

一、甘薯育苗至扦插期病虫害防治

1. 主要防治对象 黑斑病、茎线虫病。

2. 主要防治措施

(1) 黑斑病 种薯可用地衣芽孢杆菌水剂800 倍液浸种 3 分钟左右，或 50%多菌灵可湿性粉剂 800～1 000 倍液浸种 2～5 分钟，1 000～2 000倍药液蘸薯苗基部 10 分钟。如扦插剪下的薯苗可用 70%甲基硫菌灵可湿性粉剂 500 倍液浸苗 10 分钟，防效可达 90%～100%，浸后随即扦插。

(2) 茎线虫病 加强检疫工作。每亩用根结线虫二合一 1～2 套灌根，或每亩用 2%阿维菌素微囊悬浮剂 1 千克，或亩施 50%辛硫磷乳剂0.25～0.35 千克，将药均匀拌入 20～25 千克细干土后晾干，扦插时将毒土先施于栽植穴内，然后浇水，待水渗下后栽秧。

二、甘薯生长期至成熟期病虫害防治

1. 主要防治对象 甘薯天蛾、斜纹夜蛾。

2. 主要防治措施

（1）甘薯天蛾 农业防治，在幼虫盛发期，及时捏杀新卷叶内的幼虫；或摘除虫害苞叶，集中杀死。化学防治，在幼虫 3 龄前的下午 4 时后喷洒 1％甲维盐乳油 1 000 倍液或 50％辛硫磷乳油 1 000 倍液，或菊酯类农药 1 500 倍液，亩用药液 50 千克。

（2）斜纹夜蛾 人工防治，摘除卵块，集中深埋；用黑光灯诱杀成虫。化学防治，用 1％甲维盐乳油 1 000 倍液或 4.5％高效氯氰菊酯乳油 1 000 倍液，或用 20％灭扫利乳油 1 000～1 500 倍液，常规喷雾。

三、甘薯收获期至贮藏期病虫害防治

1. 主要防治对象　软腐病、环腐病、干腐病。

2. 主要防治措施

(1) 适时收获　收获期及时收获，避免冻害。

(2) 精选薯块　选无病虫害、无伤冻害的薯块作为种薯。

(3) 清洁薯窖，消毒灭菌　旧窖要打扫清洁，或将窖壁刨土见新，然后用10%百菌清烟雾剂或硫黄熏蒸。

第十一讲
棉花病虫害适期防治技术

一、棉花播种期病虫害防治

棉花播种期（4月中下旬至5月上旬）病虫害防治主要内容为：

1. 主要防治对象 立枯病、炭疽病、红腐病、茎枯病、角斑病、黑斑病、轮纹斑病、褐斑病、疫病。

2. 主要防治措施

（1）农业防治 一般以5厘米地温稳定在12℃以上时开始播种为宜，加强田间管理，播前施足底肥并整好地。

（2）种子处理 选种、晒种、温汤浸种、药剂拌种及种子包衣。将经过粒选的种子于播前15天暴晒30～60小时，以促进种子后熟和杀死短绒上的病菌，播种前一天将种子用55～60℃

温水浸种半小时，水和种子比例为 2.5：1，浸种时充分搅拌，使种子受温一致，捞出稍晾后用 80 亿单位地衣芽孢杆菌或 50％多菌灵或 70％甲基硫菌灵可湿性粉剂按种子重量的 0.5％～0.8％拌种。使用菌衣地虫死包衣剂按 1：30 包衣种子。

二、棉花苗期病虫害防治

棉花苗期（5 月上旬至 6 月上旬）病虫害防治主要内容为：

1. 主要防治对象 立枯病、炭疽病、红腐病、茎枯病、角斑病、黑斑病、轮纹斑病、褐斑病、疫病，蚜虫、红蜘蛛、盲椿象、蓟马、地老虎。

2. 主要防治措施

（1）病害防治 用 80 亿单位地衣芽孢杆菌水剂或 1.8％辛菌胺水剂或 28％井冈・多菌灵或 70％甲基硫菌灵 800～1 000 倍液或 45％代森锌 500～800 倍液常规喷雾。

（2）蚜虫、叶螨防治 用 19％克蚜宝乳油、

10％吡虫啉乳油、1.8％阿维菌素乳油、15％扫螨净乳油等药剂按说明书用量常规喷雾。

(3) 盲蝽、蓟马防治　用 4.5％高效氯氰菊酯乳油、10％吡虫啉乳油、40％氰戊·马拉硫磷乳油等药剂喷雾防治。

(4) 地老虎防治　用敌百虫拌菜叶和麦麸制成毒饵诱杀。

三、 棉花蕾期病虫害防治

棉花蕾期（6 月中旬至 7 月中旬）病虫害防治主要内容为：

1. 主要防治对象　棉铃虫、盲蝽、蓟马、红蜘蛛、棉花枯萎病。

2. 主要防治措施

(1) 棉铃虫防治　农业、物理、生物、化学防治相结合。农业防治措施，秋耕冬灌，消灭部分越冬蛹；物理防治，种植玉米诱集带、安装杀虫灯、插杨柳枝把诱杀成虫、人工抹卵、捉幼虫；生物防治，利用 Bt、NPV 病毒杀虫剂；化学防治，叶面喷洒 0.5％阿维菌素乳油 1 500

倍液。

（2）棉花枯黄萎病防治 选用抗病品种做基础，用 1.8％辛菌胺水剂 200～300 倍液喷洒，间隔 10～14 天再喷一次，连续 2～3 次。

（3）其他虫害防治 参考前述防治方法。

四、棉花花铃期病虫害防治

棉花花龄期（7 月下旬至 9 月中旬）病虫害防治主要内容为：

1. 主要防治对象 棉铃虫、造桥虫、伏蚜、红蜘蛛、红铃虫、象鼻虫；细菌性角斑病、棉花黄萎病。

2. 主要防治措施

（1）化学防治 三、四代棉铃虫用 12％毒·高氯乳油，或 35％毒死蜱·敌敌畏乳油、4.5％高效氯氰菊酯乳油、50％辛硫磷乳油、25％氰戊·辛硫磷乳油、26％辛硫·高氯氟乳油800～1 000 倍液喷洒等，同时兼治造桥虫、红铃虫。

（2）象鼻虫防治 4.5％高效氯氰菊酯＋煤

油（柴油）喷雾防治；角斑病用 80 亿单位地衣芽孢杆菌水剂或 77％氢氧化铜粉剂或 30％琥胶肥酸铜粉剂（DT 杀菌剂）等防治。

（3）其他病虫害防治　参考前述防治方法。

五、 棉花吐絮期病虫害防治

棉花吐絮期（9 月中旬至 10 月中旬）病虫害防治工作主要内容为：

1. 主要防治对象　造桥虫。

2. 主要防治措施　1％甲维盐或 50％辛硫磷防治。用有机磷粉剂农药喷粉防治效果较好。

第十二讲
花生病虫害适期防治技术

一、花生主要病虫害

茎腐病、立枯病、冠腐病、白绢病、叶斑病、病毒、根结线虫；地下害虫、红蜘蛛、蚜虫、棉铃虫和鼠类。

二、花生病虫害防治技术

(一) 播种前

1. 轮作倒茬 实行与禾本科作物或甘薯、棉花等轮作，有效地降低田间病原。

2. 科学施肥 播前施足底肥，生育期内科学追肥，并注意补肥。

3. 精选良种 选用适宜当地栽培的抗病品种，并在播前精选种子和晒种。

4. 灭鼠 及时采用灌水或毒饵诱杀的办法消灭鼠类。

（二）苗期（播种至团棵）

以播后鼠害、草害、地下害虫和茎腐病、立枯病、冠腐病、白绢病害为主攻对象，兼治苗期红蜘蛛、蚜虫以及其他食叶性害虫。

1. 拌种 在选晒种的基础上，做好种子处理，用花生专用菌衣地虫灵药种比按 1∶50 拌种，或地衣孢杆菌按药种比 1∶60 拌种，或按种子量的 0.2% 加 50% 多菌灵可湿性粉剂按种子量的 0.2%，加适当量水混合拌种，可防鼠、防虫、防病。

2. 播后苗前杂草防治 及时采用 48% 氟乐灵乳油每亩 110 克或 50% 扑草净可湿性粉剂每亩 130 克或 43% 甲草胺乳油 200 克兑水 50 千克喷雾除草；若是麦垄套种则于花生 1～3 复叶期，阔叶草 2～5 叶期，采用 48% 苯达松水剂 170 毫升配 10.8% 高效氟吡甲禾灵乳油 30 毫升加水 40 千克喷雾，杀死单、双子叶杂草。

3. 叶部病害防治 及时喷施 20% 吗胍·硫酸铜水剂或 25% 酸式络氨铜水剂，亩用 30～50

克，或喷施 50％多菌灵可湿性粉剂 400 倍液或
70％甲基硫菌灵可湿性粉剂 500 倍液，可有效控
制病菌繁殖体的生长，防止花生叶部病害的侵染
和发生。

4. 缺素症防治及提高抗逆性　及早喷施高
能锌、高能铜、高能硼或复合微肥以防花生缺素
症的发生和提高花生植株抗逆能力。

5. 蚜虫、蓟马防治　花生蚜虫一般于 5 月
底至 6 月初出现有翅蚜第一次高峰，夏播则在 6
月中上旬，首先为点片发生期，之后田间普遍发
生。蓟马则在麦收后转入花生为害，一般选用
40％氧化乐果乳油 1 000 倍液液，或 10％吡虫啉
可湿性粉剂 2 000 倍液，或 10％氧乐氰乳油
1 500倍液进行喷雾，第一次防治在 6 月中旬，
第二次则在 6 月下旬，同时能兼治蛴螬成虫。

6. 苗后杂草防治　继续拔除个别杂草。

（三）开花下针期

此期是管理的关键时期，用 0.004％芸薹素
内酯水溶性粉剂 10 克兑水 15 千克，喷匀为度或
用 1.4％的复硝酚钠 10 克兑水 15 千克，间隔 15
天用 2～3 次，增产显著，且提高品质。多年来

花生区常用多效唑控制旺长以期增加产量，其实多效唑在花生上切不可过量，过量造成根部木质化，收获时出现秕荚和果柄断掉，使得无法机械收获而减产。这个时期的主要虫害是蚜虫、红蜘蛛和二代棉铃虫以及其他一些有害生物。蚜虫、红蜘蛛应按苗期防治方法继续防治或兼治。对二代棉铃虫则在百墩卵粒达 40 粒以上时亩用 Bt 乳剂 250 毫升＋0.5％阿维菌素 40 毫升加水 30～50 千克喷雾，7 天后再治一次。或亩用 50％辛硫磷乳油 50 毫升＋20％氰戊菊酯乳油 30 毫升兑水 50 千克喷雾，兼治金龟子和其他食叶性害虫。

（四）荚果期

为多种病虫害发生期，主要有二、三代棉铃虫及蛴螬、叶斑病等，鼠害的防治也应从此时开始。防治上应采取多种病虫害兼治混配施药。

1. 蛴螬防治

（1）成虫防治　防治成虫是减少田间虫卵密度的有效措施，根据不同金龟子生活习性，抓住成虫盛发期和产卵之前，采用药剂扑杀或人工扑杀相结合的办法。即采用田间插榆、杨、桑等枝条的办法，亩均匀插 6～7 撮，枝条上喷 40％辛硫磷乳油 500 倍液毒杀。

（2）幼虫防治 6 月下旬至 7 月上旬是当年蛴螬的低龄幼虫期，此期正值大量果针入土结荚期，是治虫保果的关键时期。可结合培土迎针，顺垄施毒土或灌毒液配合灌水防治，方法是亩用 3%辛硫磷颗粒剂 5 千克加细土 20 千克，覆土后灌水。也可每亩使用 40%辛硫磷乳油 300 毫升兑水 700 千克灌穴后普遍灌水。防治花生蛴螬要在卵盛期和幼虫孵化初盛期各防治一次。

2. 棉铃虫及其他食叶害虫防治 棉铃虫对花生以第三代危害最重，应着重把幼虫消灭在 3 龄以前，可亩用 Bt 乳剂 250 毫升＋40%辛硫磷乳油 50 毫升兑水 50 千克在产卵盛期喷雾；也可选用 40%辛硫磷乳油 40 毫升＋20%氰戊菊酯乳油 30 毫升兑水 50 千克在产卵盛期喷雾，于 7 天后再喷防一遍。

3. 叶斑病防治 花生叶斑病只要按质、按量、按时进行防治，就能收到良好效果，叶斑病始盛期一般在 7 月中下旬至 8 月上旬，当病叶率达 10%～15%时，亩用 80 亿单位地衣芽孢杆菌 60～100 克，或 28%井冈·多菌灵悬浮剂 80 克，或 45％代森铵水剂 100 克，或 80％代森锰锌可湿性粉剂 100 克，加水 50 千克喷雾防治，10 天后再喷一次效果更好。如果以花生网斑病为主，则以 80 亿单位地衣芽孢杆菌、代森锰锌为主。

4. 锈病防治 花生锈病是一种暴发性流行病害。一般在 8 月上中旬发生、8 月下旬流行。8 月上中旬田间病叶率达 15％～30％时，及时用 50％敌磺钠可湿性粉剂 1 000 倍液或 95％敌锈钠可湿性粉剂 600 倍液防治，或用 15％三唑酮可湿性粉剂 800 倍液防治。锈病流行年份，避免用多菌灵药剂防治叶斑病，以免加重锈病危害。

5. 及时防治田间鼠害 8 月中下旬是各种鼠类危害盛期，应在危害盛期之前选用毒饵防除。

以上病虫害混发时，则应混合用药，以减少用药次数，兼治各种病虫害。另外，还应和喷生长调节剂 2.85％硝钠·萘乙酸水剂亩用量 50 克或芸薹素内酯和单元素微肥如高能钾、高能锌、高能硼、高能铜、高能钼、高能锰胶囊轮流或结合起来用药防病虫。

（五）收获期

以综合预防为主，减轻来年病虫草鼠害的

发生。

（1）防止收获期田间积水，造成荚果霉烂。

（2）结合收获灭除蛴螬。

（3）留种田花生荚果收获后及时晾晒，防止霉烂，预防茎腐病。

（4）消除田间杂草及病株残体，减轻叶斑病、茎腐病的土壤带菌率和杂草种子。

（5）利用作物空白期抢刨田间鼠洞，破坏其洞道并人工捕鼠，减轻来年鼠害。

第十三讲
芝麻病虫害适期防治技术

一、芝麻播种期至苗期病虫害防治

1. 主要防治对象 茎点枯病、叶枯病、枯萎病；地老虎。

2. 主要防治措施

（1）茎点枯病 农业防治，与棉花、甘薯作物进行 3～5 年轮作；播前用 55℃温水浸种 10 分钟或用 60℃温水浸种 5 分钟。化学防治，每 500 克种子用 80 亿单位地衣芽孢杆菌 10 克拌种，也可用种子量 0.1%～0.3%的多菌灵处理种子。

（2）枯萎病 农业防治，与禾本科作物进行 3～5 年轮作。化学防治，播前用 0.5%辛菌胺 200 倍液浸种，或 0.5%硫酸铜溶液浸种 30 分钟。

(3) 叶枯病 农业防治，播前用 53℃温水浸种 5 分钟。化学防治，用 70%甲基硫菌灵 700 倍液喷洒。

(4) 地老虎 农业防治，苗期每天清晨检查，发现有被害幼苗，就可拨开土层人工捕杀。化学防治，一是毒饵诱杀，用青草 15～20 千克加 90%敌百虫粉剂 250 克；或用糖醋毒草，即将嫩草切成 1 厘米左右长的草段，用糖精 5 克，醋 250 克，25%敌敌畏乳剂 5 毫升加水 1 千克配成糖醋液，喷在草段上制成毒饵，撒在田间毒杀；二是直接喷药毒杀，用 90%敌百虫 1 500 倍液或 50%辛硫磷乳油 1 000 倍液喷洒芝麻幼苗和附近杂草。

二、芝麻成株期至收获期病虫害防治

1. 主要防治对象 茎点枯病、叶枯病、枯萎病；甜菜夜蛾。

2. 主要防治措施

(1) 茎点枯病 用 28%井冈·多菌灵悬浮

剂 700 倍液或用 70％甲基硫菌灵可湿性粉剂 800～1 000 倍液于蕾期、盛花期喷洒，每次每亩用量 75 千克。

（2）**枯萎病** 每亩用 50～100 克 80 亿单位地衣芽孢杆菌水剂喷施，或用 23％络氨铜水剂 300～450 倍液喷雾防治；每 10 天喷一次，连喷 2～3 次。

（3）**叶枯病** 用 70％甲基硫菌灵可湿性粉剂或 28％井冈·多菌灵悬浮剂 700 倍液在初花和终花期各喷一次。

（4）**甜菜夜蛾** 用 0.5％阿维菌素乳油 500 倍液或 1％甲维盐微乳油 1 000 倍液或灭幼脲 3 号悬浮剂 500～1 000 倍液加 4.5％高效氯氰菊酯乳油 1 000 倍液喷雾；或用 50％辛硫磷乳油 1 000倍液喷雾，在早 8 时前和晚 6 时后用药比较适宜。

第十四讲
油菜病虫害适期防治技术

一、油菜播种期病虫害防治

播种期是防治病虫害的关键时期；油菜黑斑病主要靠种子或土壤带菌进行传播，而且从幼苗起就开始侵染，对于这类病害，进行种子处理是最有效的防治措施，同时是提高幼苗抗逆能力的必要措施。在该时期需要防治的主要虫害有蛴螬、蝼蛄、金针虫等地下害虫，土壤处理可以防治油菜蚜虫越冬幼虫，药剂拌种可以减少地下害虫及其他苗期害虫及苗期病害的危害。

种子处理防治病害，用种子重量 0.4% 的50% 福美双可湿性粉剂或 0.2%～0.3% 的 50% 的异菌脲可湿性粉剂拌种，也可用 10～15 克 70% 甲基硫菌灵或 50% 多菌灵可湿性粉剂拌 5 千克种子，对苗期病害有一定的控制作用并可减轻白锈病、霜霉病的发生。

种子处理防治地下害虫，用 50％辛硫磷乳油 0.5 千克加水 20～25 千克，拌种 250～300 千克；60％吡虫啉悬浮种衣剂 10 克兑水 30 克拌油菜种子 300 克。可有效防治一般地下害虫，后者可防治苗后前期蚜虫。

二、油菜冬前秋苗期至返青期病虫害防治

该期病虫害发生相对较轻，但有些年份因气温相对偏高，病毒病、根腐病、蚜虫、小菜蛾、菜螟、跳甲和猿叶甲等也有发生，可根据具体情况进行防治。

防治苗期蚜虫，控制病毒病，每亩用 25％吡蚜酮可湿性粉剂 20 克或 10％烯啶虫胺水分散颗粒剂 6 克或 70％吡虫啉水分散颗粒剂 8～10 克，以上药剂任选一种，加 2.5％高效氟氯氰菊酯乳油 20 毫升，兑水 50 千克进行叶面喷雾，同时兼治食叶害虫。间隔 7～10 天一次，连续防治 2～3 次。蚜虫多聚集在新叶及叶背皱缩处，药

剂一定要喷洒均匀。

喷施 50％苯菌灵可湿性粉剂 1 000 倍液、50％多菌灵可湿性粉剂 600～800 倍液、50％甲基硫菌灵可湿性粉剂 500 倍液，可以防治油菜苗期的一般病害。

三、油菜抽薹开花期病虫害防治

早春，随着气温的回升，病菌、害虫开始活动，是预防病虫害的关键时期。这一时期的主要防治对象是菌核病、霜霉病、白锈病、病毒病、黑斑病、潜叶蝇、小菜蛾、菜蟥、跳甲和猿叶甲以及其他的偶发性虫害和病害。

在菌核病普遍发生的地区，要改善油菜生态环境。如重施基肥、苗肥，早施或控施蕾薹肥，施足磷、钾肥，防止贪青倒伏。深沟窄畦，清沟防渍。在油菜开花期摘除病、黄、老叶。适时播种，在适当迟播的基础上，选用 50％福美双·菌核净可湿性粉剂 120 克/亩、36％多菌灵·咪鲜胺可湿性粉剂 40～50 克/亩、43％戊唑醇悬浮剂 30～40 克/亩、25％丙环唑乳油 25～30 毫升/

亩，兑水 40~50 千克均匀喷雾，同时可兼治黑斑病。也可选用 25% 吡唑醚菌酯乳油 20~30 毫升/亩均匀喷雾，可兼防霜霉病及其他病害。

当霜霉病病株率达到 20% 以上时，及时喷施 70% 乙膦铝·代森锰锌可湿性粉剂 400~600 倍液、58% 甲霜灵·代森锰锌可湿性粉剂 200 倍液、72% 霜脲·锰锌可湿性粉剂 800 倍液，间隔 7~10 天一次，连续防治 2~3 次。多雨天气应抢晴喷施，并适当增及喷药次数。同时可兼治白锈病。

防治潜叶蝇、小菜蛾、菜螟、跳甲和猿叶甲等害虫，可适期喷施 2.5% 氟氯氰菊酯水乳剂 1 000 倍液、1.8% 阿维菌素微乳剂 1 000 倍液、1.5% 甲维盐乳油 1 000 倍液、5% 氟虫脲乳油 1 000 倍液、5% 氟啶脲乳油 500~1 000 倍液等防治。

四、油菜绿熟至成熟期病虫害防治

从终花到角果籽粒成熟的一段时间称为角果发育成熟期，是角果发育、种子形成、油分累积的过程，具体又可分为绿熟期、黄熟期和完熟期。角果发育的特点是长度增长快，宽度增长慢。种子干物质的 40％是由角果皮光合产物提供的。4 月油菜进入绿熟期，是油菜丰产丰收的关键时期。

该期要立足分析环境影响，洞察病虫发生趋势，加强预测预报；确保上述病虫害在大流行前及时进行防治；防治策略上以治疗为主，更具有针对性和时限性，特别注意常发病虫害的关建性防治和突发病虫害的针对性防治，确保丰收。

防治药剂和方法参考抽薹开花期病虫害防治的药剂。

第十五讲
西（甜）瓜病虫害适期防治技术

一、西（甜）瓜播种至苗期病虫害防治

1. 主要防治对象 猝倒病、枯萎病、炭疽病。

2. 主要防治措施

（1）立枯病、猝倒病 选择地势高、排灌好、未种过瓜类作物的田块，在刚出现病株时立即拔除，并喷洒杀菌剂，如立枯猝倒防死或络氨铜或地芽菌加上高能锌、高能硼、高能铁等，因这三种元素苗期易流失。

（2）枯萎病、病毒病 农业防治，在无病植株上采种；实行与非瓜类、茄果类作物轮作；采用瓠瓜或南瓜作为砧木进行嫁接防除。化学防治，发病初期用 5% 辛菌胺醋酸盐水剂 600 倍液

或 80 亿地衣芽孢杆菌水剂 800 倍液或多抗霉素 800 倍液交替灌根，间隔 7～10 天一次，连续 2～3 次。

（3）炭疽病、叶斑病 农业防治，实行与非瓜类、茄果类作物轮作，一般要间隔 3 年以上；播种前进行种子消毒，用 55℃温水浸种 15 分钟，或用 40％甲醛 100 倍液浸种 30 分钟，清水洗净后催芽或用西瓜专用地芽菌包衣种子直接下种。化学防治，发病初期用 20％噻菌铜悬浮剂 1 000～1 500 倍液或 25％酸式络氨铜水剂 600 倍液或炭疽福美可湿性粉剂 500 倍液，连喷 2～3 次。

二、西（甜）瓜成株期病虫害防治

1. 主要防治对象 叶枯病、枯萎病、疫病、病毒病；瓜蚜、黄守瓜、潜叶蝇、蛞蝓、白粉虱。

2. 主要防治措施

（1）叶枯病 用 80 亿单位地衣芽孢杆菌水剂 800 倍液或 25％络氨铜水剂 1 000 倍液或

45％代森铵 700～800 倍液或 28％井冈·多菌灵 800 倍液，常规喷雾，以上几种药液可交替使用，连喷 2～3 次。

(2) 疫病 在发病初期用 80 亿单位地衣芽孢杆菌水剂 800 倍液或 25％络氨铜水剂 1 000 倍液或 25％瑞毒霉可湿性粉剂 600 倍液或 40％三乙膦酸铝可湿性粉剂 800 倍液或 75％百菌清可湿性粉剂 500 倍液，常规喷雾，连喷 2～3 次。

(3) 病毒病 农业防治，增施有机肥和磷、钾肥，加强栽培管理；并及时消除蚜虫，消灭传毒媒介。化学防治，初期用 20％吗胍·硫酸铜水剂 800～1 000 倍液喷施或 31％氮苷·吗啉胍可溶性粉剂 1 000 倍液喷施，或 0.5％香菇多糖水剂 400～600 倍液喷施预防；成株期用 1.26％辛菌胺加高能锌等药剂配合多元素复合肥常规喷雾防治，间隔 7～10 天，一般喷 2～3 次。病毒病严重时用 20％吗胍·硫酸铜水剂 800～1 000 倍液喷施或 31％氮苷·吗啉胍可溶性粉剂 1 000 倍液喷施加高能锌胶囊连用 2 次，间隔 3 天，效果显著。

(4) 枯萎病 80 亿单位地衣芽孢杆菌水剂

800 倍液或 5％辛菌胺 800～1 000 倍液叶面喷施，严重时加高能钙，把喷头去掉侧喷根颈部，或 25％络氨铜水剂 1 000 倍液或用 70％甲基硫菌灵可湿性粉剂 1 000 倍液或 4％嘧啶核苷类抗生素水剂 100～150 倍液或 10％混合氨基酸铜络合物水剂 300 倍液淋根。

（5）瓜蚜 用 70％蚜螨净乳油 1 000～1 500 倍液或 20％三氯·哒螨乳油 2 000～3 000 倍液，常规喷洒。

（6）黄守瓜 农业防治，清晨露水未干时人工捕捉；在瓜秧根部附近覆一层麦壳、谷糠，防止成虫产卵，减少幼虫为害。化学防治，用 90％晶体敌百虫 800 倍液喷洒或 2 000 倍液灌根。

（7）潜叶蝇 用斑潜·菌毒二合一亩用 1 套，或 1.9％阿维菌素乳油 8 000 倍液或 80％敌敌畏乳油 2 000 倍液。

（8）蛞蝓 农业防治，铲除田边杂草并撒上生石灰，减少滋生之地；提倡地膜栽培，以减轻危害；撒石灰带，每亩用石灰粉 5～10 千克。化学防治，用 0.5％阿维菌素或 8％灭蜗灵颗粒剂

或 10％多聚乙醛颗粒剂每平方米 1.5 克进行
撒施。

(9) 白粉虱 用药要早，主攻点片发生阶
段。用 5％吡虫啉乳油 2 000 倍液、或 20％甲氰
菊酯乳油 2 000 倍液、或 70％炔螨特乳油 2 000
倍液喷雾，喷雾时加米汤 200 毫升（2 勺）左
右，有增效作用，隔 7～10 天喷一次。

第十六讲
设施黄瓜病虫害适期防治技术

一、设施黄瓜病害防治

1. 培育壮苗　选用抗病、耐病品种，做好种子处理，培育适龄壮苗。

（1）因地制宜，选择品种　一般宜选用结果性好、早熟、耐低温、耐热的品种。

（2）做好种子处理

①恒温处理种子。将阳光下晒干的种子放在恒温箱进行干热处理 48 小时，以消灭部分病毒和细菌。

②温汤浸种。将种子放入干净容器中，稍放一点凉水泡 15 分钟之后，加入热水使水温达 55℃，浸种 20 分钟，期间不断搅拌，待水温降到 30℃时，将种子捞出水，滤掉水膜加入蔬菜种子专用地衣芽孢杆菌包衣剂包衣，晾 5 分钟后

直接下种育苗。或 25% 瑞毒霉 400 倍药液浸种 1 小时，再放到 30℃水中浸泡 1～1.5 小时，然后捞出催芽。

③常温处理。浸种后，将种子晾至种皮无水膜，加入蔬菜种子专用地衣芽孢杆菌包衣剂包衣，晾 5 分钟后直接下种育苗。

(3) 营养土配置与消毒 选用未种过瓜类的肥沃园土，加入充分发酵腐熟好的有机肥，农家肥和马粪各占 1/3，粉碎过筛，同时每平方米苗床用 5 千克毒土（1.8% 的辛菌胺醋酸盐水剂 5～8 克或 28% 井冈·多菌灵悬浮剂或 25% 酸式络氨铜水剂 8～10 克拌细土），1/3 播前撒施，2/3 盖种，防治苗期猝倒病和立枯病。

(4) 变温管理，培育抗病壮苗 播种后出苗前保持温度 25～30℃，80% 出土后及时放风降温，白天 23～25℃，夜间 13～15℃；一叶一心时加大昼夜温差，白天 25～28℃，夜间可降至 12℃，增加养分积累，防止徒长，培育壮苗。或喷施 2.85% 硝钠·萘乙酸水剂 1 000～1 500 倍液或芸薹素喷施。

2. 平衡施肥 平衡施肥，以提高土壤肥力，增强植株抗性。

（1）增施有机肥，配施氮、磷、钾肥 一般亩施优质有机肥 5 000 千克，过磷酸钙 100～150 千克，饼肥 300～500 千克，硫酸钾 40 千克，采用 1/3 量普施深翻，其余 2/3 集中施于畦底，以充分发挥肥效。

（2）巧施追肥，促使黄瓜稳健生长 及时追肥，促秧苗壮、抗病，在追肥上本着"少吃多餐，两头少，中间多"的原则，做到及时合理，用法上以开沟条施并及时覆土为宜；种类上以腐熟有机肥配合适量的氮、磷钾化肥；时期上，当根瓜长到 10 厘米长以后，每株埋施充分腐熟的鸡粪或发酵好的饼肥 150～200 克，盛瓜期每7～10 天每亩冲施 1 000 千克人粪尿或 20 千克硝酸铵＋15 千克硫酸钾，以满足黄瓜对肥料的需求。

①小水灰。将 1 千克小灰（草木灰）加 14 千克清水浸泡 24 小时，淋出 10 千克澄清液，直接叶面喷洒，亦可结合防病用药喷洒。

②糖钾尿醋水。用白糖、尿素、磷酸二氢钾、食醋各 0.4 千克，溶于 100 千克水中叶面喷洒，能促使叶片变厚，细胞变密，叶绿素含量提

高，增强抗病能力，一般每 7 天一次。

③巧施冲施肥。用 5％辛菌胺水剂为主的原生汁冲施肥，每亩 1～2 千克，用时可加优质尿素 10 千克撒施后浇水或直接冲施，苗期定植后 1 次，初花期 1 次，盛瓜期 1～2 次，间隔 15 天，可提质增产。

④麦糠水。用细麦糠或麦麸 5～6 千克加水 50 千克浸泡 24 小时，取其澄清过滤液直接喷洒，并根据黄瓜需要轮配入一定量的高能硼、高能锌、高能铁、高能钼等微肥胶囊，或每样一粒一次喷施，一般喷 4～6 次。注意晴天多放风补充二氧化碳，阴雨雪低温天气无法放风时增施二氧化碳能量神增温剂。

3. 搞好温、湿度管理，进行生态防治

(1) 灌水 灌水实行膜下暗灌，有条件的利用滴灌。冬季和早春灌水应在坏天气刚过、好天气刚开始的上午进行，浇水后应闭棚升温 1 小时，再放风排湿 3～4 小时，若棚内温度低于 25℃，就再关闭风口提高温度至 32℃，持续 1 小时，再大通风，夜间最低温度可降至 12～13℃，这样有利于排湿和减少当夜叶面上水膜的形成。

（2）温、湿度调控 白天上午温度 28～32℃，不超过 35℃，即日出前排湿 1 小时，日出后充分利用阳光闭棚升温，超过 28℃ 开始放风，超过 32℃ 加大放风量，以不超过 35℃ 高温。下午大通风，温度降到 20～25℃，晚上，前半夜温度控制在 15～20℃，后半夜 10～13℃。

4. 重点防治和普遍防治相结合 一般情况下，以霜霉病、炭疽病、角斑病和真菌性叶斑类为主线，用药上分清主次，配合使用，尽量减少喷药次数。预防期夜里用 10% 百菌清烟雾剂烟雾杀菌标准棚室（高 2～2.8 米，跨 4 米以上）亩用 200～300 克烟熏，严重时白天再用嘧霉·多菌灵＋硫酸链霉素；霜霉病发生时采用 1.8% 辛菌胺水剂＋20% 噻菌铜悬浮剂，或用 3% 多抗霉素可湿性粉剂，或用 25% 络氨铜水剂，或77% 氢氧化铜粉剂，或 30% 琥胶肥酸铜＋瑞毒霉可湿性粉剂 1 000 倍液喷雾。炭疽病、叶斑病则选用络氨铜或炭疽福镁或加代森锰锌等。黑心病、根腐病等选用 80 亿单位地衣芽孢杆菌 500 倍液灌根等防治。

二、设施黄瓜虫害防治

温棚黄瓜虫害主要有白粉虱、瓜蚜、蓟马、斑潜蝇、茶黄螨、黄守瓜、瓜绢螟及瓜种蝇、蝼蛄、蛴螬、金针虫等地下害虫。

(一) 白粉虱

白粉虱成虫和幼虫群聚为害，并分泌大量蜜液，严重污染叶片和果实，并引起煤污病。

1. 农业防治

(1) 培育"无虫苗" 育苗前熏蒸温室，除去残余虫口，清除杂草残株，在温室通风口加一层尼龙纱避免外来虫源。

(2) 尽量避免混栽 特别是黄瓜、番茄、菜豆不能混栽。调整生产茬口也是有效的方法，即头茬安排芹菜、甜椒等白粉虱为害轻的蔬菜，二茬再种黄瓜、番茄。

(3) 摘除老叶并烧毁 老龄若虫多分布于下部叶片，茄果类整枝时适当摘除部分老叶，深埋或烧毁以减少种群数量。

2. 生物防治 丽蚜小蜂可以成功地防治温

室中的粉虱。当白粉虱成虫在 0.5 头/株以下时，每隔 2 周共 3 次释放丽蚜小蜂成蜂 15 头/株。

3. 物理防治 黄色对白粉虱成虫有强烈诱集作用，在温室设置 1 米×0.7 米纤维板或硬纸板，涂成橙皮黄色，再涂上一层粘油，每亩用 32～34 块，诱杀成虫效果显著。黄板设置于行间，与植株高度相平，粘油一般使用 10 号机油加少许黄油调均，7～10 天重涂一次。注意防止油滴在作物上造成烧伤。

4. 化学防治 白粉虱具有个体小、数量大、繁殖快、危害广的特点，一旦发生极难控制，因此，要勤视察，以预防为主，同时要不间断的连续防治，方可达到良好的效果。

（1）用背负式机动发烟器或 3mf-3 背负式植保多用机把 1% 溴氰菊酯或 2.5% 戊菊酯油剂雾化成 0.5～5 微米的雾滴，悬浮在空气中杀灭成虫。

（2）当平均每株成虫 2.7 头和 6.6 头时用 25% 噻嗪酮可湿性粉剂 100 毫克/升和 200 毫克/升喷 1～2 次，当成虫为 19.5 头时用 25% 噻嗪酮可湿性粉剂 100 毫克/升和 10% 联苯菊酯水乳剂

5 毫克/升混用喷 2 次。

（3）2.5％溴氰菊酯乳油或 20％甲氰菊酯乳油 2 000 倍液喷雾，隔 6～7 天一次，连续防治 3 次。

（4）25％甲基克杀螨可湿性粉剂 1 500 倍液，10％联苯菊酯水乳剂 0.8～2 克/亩，用药后 1 天对成虫防效在 99％以上。

（5）大棚还可用敌敌畏烟剂熏蒸，每亩用 350～400 克，或用 80％敌敌畏乳油 500 克，将敌敌畏倒在分散在温室不同地段的麦秸堆上，点燃后闷棚 1 夜，间隔 5～7 天，连熏 2～3 次。最好熏蒸过后 1～2 天喷雾一次。

（二）黄瓜蚜虫

黄瓜受蚜虫为害后叶片卷缩，瓜苗萎蔫，甚至枯死，老叶受害，提前枯落，缩短结瓜期，造成减产。

1. 农业防治 培育无虫壮苗。严格从育苗时期用好防虫网，培育无虫苗。

2. 物理防治 用黄板诱蚜。利用蚜虫对黄色的趋性，采用黄板诱蚜。

3. 生物防治 保护天敌，如小黑蛛、星豹蛛、突花蛛、七星瓢虫、龟纹瓢虫、黑襟毛瓢、中华草蛉、食蚜蝇、华姬猎蝽、微小蝽、蚜茧蜂、丽草蛉、大草蛉、瘿蚊、蚜霉菌等。

4. 化学防治

(1) 发现有蚜虫为害时，可用 0.65％茴蒿素水剂 100 毫升，加水 30～40 千克后喷洒，或 2.25％韶关霉素粉剂 200 倍液，加 0.01％洗衣粉，或 2.5％鱼藤精乳油 600～800 倍液，或用烟草水 [烟：水为 1：(130～40)] 喷洒。

(2) 20％氧乐氰乳油 1 000 倍液，或 40％菊·马乳油 2 000 倍液，或 21％增效氰·马乳油 4 000倍液，或 2.5％氯氟氰菊酯乳油 3 000 倍液，或 2.5％联苯菊酯乳油 3 000 倍液，或 10％吡虫啉可湿性粉剂 2 000 倍液，隔 10～15 天再喷一次。

(三) 蓟马

蓟马多以成虫和若虫吸食黄瓜嫩梢、嫩叶、花和幼瓜的汁液。黄瓜被害后，心叶不能正常展开甚至干枯无顶芽，嫩芽或嫩叶皱缩或卷曲，组织变硬而脆，植株生长缓慢，节间缩短，出现丛生现象。幼瓜受害后，果实硬化、畸形，茸毛变灰褐或黑褐色，生长缓慢，果皮粗糙有斑痕，布满"绣皮"，严重时造成落瓜。发生蓟马危害的黄瓜，叶片提前老化，脆硬、卷曲，看上去好似黄瓜绿斑驳病毒病。

1. 农业防治 清除田间残株落叶、杂草，消灭虫源；调整播种期，春季适期早播、早育苗，避开为害高峰期；采用营养钵育苗，加强水肥管理等栽培技术，促进植株生长；栽培时采用地膜覆盖，可减少出土成虫为害和幼虫落地入土化蛹，能大大减少害虫数量；清除菜田附近野生茄科植物也能减少虫源。

2. 物理防治 挂蓝板诱杀成虫，每 10 米左右挂一块蓝色板，略高于黄瓜生长点 15～30 厘米，以减少成虫产卵危害。

3. 化学防治 选择对刺吸式口器害虫有效果的药剂，当夏秋瓜苗 2～3 片叶时开始田间查虫，当每苗有虫 2～3 头时，可采用以下杀虫剂进行防治：240 克/升螺虫乙酯悬浮剂 4 000～5 000 倍液；15%唑虫酰胺乳油 2 000～3 000 倍液；10%烯啶虫胺水剂 3 000～5 000 倍液；3%啶虫脒乳油 2 000～3 000 倍液；10%氟啶虫酰胺水分散粒剂 3 000～4 000 倍液；10％吡虫啉可湿性粉剂 1 500～2 000 倍液；50％抗蚜威可湿性粉剂 1 000～2 000 倍液；10％吡丙·吡虫啉悬浮剂 1 500～2 500 倍液；25％吡虫·仲丁威乳油 2 000～3 000 倍液；25％噻虫嗪可湿性粉剂 2 000～3 000 倍液；10％氯噻啉可湿性粉剂 2 000倍液。兑水喷雾，视虫情隔 7～10 天喷一次。

（四）潜叶蝇

潜叶蝇幼虫孵化后潜食叶肉，呈曲折蜿蜒的食痕，苗期 2～7 叶受害多，严重的潜痕密布，致叶片发黄、枯焦或脱落。

1. 生物防治 释放姬小蜂、反颚茧蜂、潜蝇茧蜂等，这三种寄生蜂对斑潜蝇寄生率较高。施用昆虫生长调节剂类，可影响成虫生殖、卵的孵化和幼虫蜕皮、化蛹等。

2. 化学防治 5％氟虫腈悬浮剂 50～100 毫升/亩，40％仲丁威·稻丰散乳油 600～800 倍液，防治时间掌握在发生高峰期，5～7 天防治一次，连续 2～3 次。昆虫生长调节剂 5％氟啶脲 2 000 倍液，5％氟虫脲乳油 2 000 倍液，对潜蝇科成虫具不孕作用，用药后成虫产的卵孵化率低。用50％辛硫磷乳油1 000倍液，在发生高峰期喷施，5～7天一次，连续2～3次，采收前7天停止用药。

（五）茶黄螨

茶黄螨有强烈的趋嫩性，也有"嫩叶螨"之称。成螨和幼螨会集中在黄瓜幼嫩部分刺吸为害，受害叶片背面呈灰褐或黄褐色，并且具有油质光泽或油渍状，叶片僵硬变厚，边缘向内卷曲。受害嫩茎、嫩枝变黄褐色，扭曲畸形，严重者黄瓜植株的生长点消失，顶部干枯。由于螨体极小，肉眼难以观察识别，所以茶黄螨发生初期不易被发现，往往错过最佳防治时机。

1. 农业防治　保护地要合理安排茬口，及时铲除棚室四周及棚内杂草，避免人为带入虫源。前茬茄果类、瓜类收获后要及时清除枯枝落叶深埋或沤肥。

2. 化学防治　用药剂15％哒螨灵乳油3 000倍液，5％唑螨酯悬浮剂3 000倍液，10％溴虫腈乳油3 000倍液，1.8％阿维菌素乳油4 000倍液，20%甲氰菊酯乳油 1 500 倍液，20%三唑锡悬浮剂 2 000 倍液，40%嘧啶氧磷乳油 1 000 倍液，73%炔螨特乳油 3 000 倍液，3.3%阿维·联苯菊酯乳油 750 倍液，5%噻螨酮乳油 1 500 倍液，10%浏阳霉素乳油 1 000 倍液，25%甲基克杀螨可湿性粉剂 2 000 倍液，2.5%联苯菊酯乳油 3 000 倍液等杀螨效果都较好。隔 10～14 天防治一次，连续 2～3 次。

（六）黄守瓜

黄守瓜成虫喜食瓜叶和花瓣，还可为害南瓜幼苗皮层，咬断嫩茎和食害幼果。叶片被食后形成圆形缺刻，影响光合作用，瓜苗被害后，常带来毁灭性灾害。幼虫在地下专食瓜类根部，重者使植株萎蔫而死，也蛀入瓜的贴地部分，引起瓜果腐烂，丧失食用价值。

1. 农业防治

（1）适当间作或套种　瓜类蔬菜可与十字花科蔬菜、莴苣、芹菜等绿叶蔬菜间作或套种，也可苗期适当种植一些高秆作物。

（2）阻隔成虫产卵　采用全田地膜覆盖栽培，在瓜苗茎基周围地面撒布草木灰、麦芒、麦秆、木屑等，以阻止成虫在瓜苗根部产卵。

2. 化学防治 重点要做好瓜类幼苗期的防治工作，控制成虫危害和产卵。由于瓜类蔬菜苗期抗药力弱，对不少药剂比较敏感，易产生药害，应注意选用对口药剂，严格掌握施药浓度。药剂可选用 2.5% 溴氰菊酯乳油 3 000 倍液，5.7% 氟氯氰菊酯乳油 2 000 倍液，10% 高效氯氰菊酯乳油 2 500 倍液，80% 敌敌畏乳油 1 000 倍液，50% 辛硫磷乳油 1 000 倍液等喷雾防治，注意交替使用。

（七）瓜绢螟

瓜绢螟幼虫主要为害黄瓜叶片和果实，初龄幼虫在叶子背面取食叶肉，造成叶片缺刻或穿孔，严重时，仅留下叶脉。甚至直接为害瓜条，蛀入瓜内或茎部，幼虫蛀果成孔，降低商品价值，或造成果腐，不能食用。

1. 农业防治 清洁田园，瓜果收获后收集田间的残株枯藤、落叶沤肥、深埋或烧毁，可压低虫口基数。幼虫发生期，人工摘除卷叶和幼虫群集取食的叶片，集中处理。

2. 生物防治 保护利用天敌，注意检查天敌发生数量，当卵寄生率达 60％以上时，尽量避免施用化学杀虫剂，防止杀伤天敌。瓜绢螟的天敌已知有 4 种：卵期的拟澳洲赤眼蜂、幼虫期的菲岛扁股小蜂和瓜绢螟绒茧蜂、幼虫至蛹期的小室姬蜂。其中拟澳洲赤眼蜂大量寄生瓜螟卵，每年 8～10 月，日均温在 17～28℃时，瓜螟卵寄生率在 60％以上，高时可持续 10 天以上接近 100％，可明显地抑制瓜螟的发生和为害。

3. 化学防治 在瓜田经常性进行调查，发现虫害时及时防治。在幼虫 1～3 龄卷叶前，可采用下列杀虫剂或配方进行化学防治：0.5％甲维盐乳油 2 000～3 000 倍液＋4.5％高效顺式氯氰菊酯乳油 1 000～2 000 倍液，5％氯虫苯甲酰胺悬浮剂 2 000～3 000 倍液，22％氰氟虫腙悬浮剂 2 000～3 000 倍液，5％丁烯氟虫氰乳油 1 000～2 000 倍液，15％茚虫威悬浮剂 3 000～4 000 倍液，10％醚菊酯悬浮剂 2 000～3 000 倍液，2％阿维·苏云金杆菌可湿性粉剂 2 000～3 000 倍液，35 克/升溴氰·氟虫腈油 2 000～3 000倍液，1.2%烟碱·苦参碱乳油 800～1 500 倍液，0.5%黎芦碱可溶性液剂 1 000～2 000 倍液等，均匀喷雾。

（八）黄瓜种蝇

黄瓜种蝇幼虫蛀食萌动的种子或幼苗的地下组织，引致腐烂甚至死亡。

1. 农业防治 施用充分腐熟的有机肥，防止成虫产卵。

2. 化学防治 在成虫发生期，地面喷粉，如 5%杀虫畏粉等，也可喷洒 36%克螨蝇乳油 1 000～1 500 倍液，2.5%溴氰菊酯 3 000 倍液，20%菊·马乳油或 10%溴·马乳油 2 000 倍液，20%氯·马乳油 2 500 倍液，隔 7 天防治一次，连续 2～3 次。当地蛆已钻入幼苗根部时，可用 50%辛硫磷乳油 800 倍液或 25%喹硫磷乳油 1 200倍液灌根。

药剂处理土壤或处理种子，如用 50%辛硫磷乳油每亩 200～250 克，加水 10 倍，喷于 25～30 千克细土上拌匀成毒土，需垄条施，随即浅锄，或以同样用量的毒土撒于种沟或地面，随即耕翻，或混入厩肥中施用，或结合灌水施入，或用5％辛硫磷颗粒剂、5％二嗪磷颗粒剂等，每亩 2.5～3 千克处理土壤，都能收到良好效果。

（九）黄瓜地下害虫

1. 蛴螬防治方法 用 50％的辛硫磷 1 000 倍液，80％敌百虫可溶性粉剂 1 000 倍液，50％辛·氰乳油 4 000 倍液，20％氰戊菊酯乳油 3 000倍液，2.5％敌杀死 3 000 倍液等灌根。也可在播种或定植前用上述药剂拌毒饵播撒或用种衣剂包衣。

2. 蝼蛄防治方法 药剂防治时，可用毒饵，配制方法是 90％晶体敌百虫 150 克，用 1.5 千克的热水溶化，拌炒出香味的麦麸或棉籽饼 5kg，于傍晚撒到地面，每公顷用30.0～37.5 千克。也可用毒谷毒杀，配制的方法是干谷 500～750 克，煮至半熟，捞出晾至半干，再喷上晶体敌百虫药液，晾至七八成干，将毒谷撒到蝼蛄经常活动的地方诱杀。傍晚时，将 80％敌敌畏乳液 800～1 000 倍液喷洒到地面，对蝼蛄有较好的诱杀效果。发生为害时，也可用 50％的辛硫磷 1 000 倍液、80％敌百虫 1 000 倍液、50％

辛·氰乳油 4 000 倍液、20％氰戊菊酯乳油
3 000倍液、2.5％溴氰菊酯乳油 3 000 倍液灌
根。也可在播种或定植前用上述药剂拌毒饵播撒
或用种衣剂包衣。

第十七讲
甘蓝病虫害适期防治技术

一、甘蓝菌核病防治

发病初期及时喷药保护，喷洒部位重点是茎基部、老叶和地面。主要药剂有 80 亿单位地衣芽孢杆菌 800 倍液、20％噻菌铜悬浮剂 1 000 倍液、40％菌核净可湿性粉剂 1 000～1 500 倍液。以上 3 种药剂每 7～10 天喷一次，交替使用，连喷 2～3 次。

二、甘蓝霜霉病防治

1. 农业防治　选用抗病品种；与非十字花科蔬菜隔年轮作；合理施肥，及时追肥。

2. 化学防治　在发病初期喷药，用 30％嘧霉·多菌灵 800 倍液，3％多抗霉素 1 000 倍液，

10％百菌清 500 倍液，1∶2∶400 倍波尔多液，每 5～7 天喷一次，共喷 2～3 次。

三、甘蓝黑腐病防治

1. 种子消毒 用 50℃温水浸种 20～30 分钟，或用 45％代森铵水剂 200 倍液浸种 15 分钟。

2. 农业防治 与非十字花科作物实行 1～2 年轮作；及时消除病残体和防治害虫。

3. 化学防治 在发病初期喷 20％噻菌铜悬浮剂 4 000～6 000 倍液，每隔 7～10 天一次，连喷 2～3 次。

四、甘蓝菜蛾防治

1. 农业防治 在成虫期利用黑光灯诱杀成虫。

2. 生物防治 0.5％阿维菌素 800～1 000 倍液或 1％甲维盐 1 000～2 000 倍液或用 Bt 制剂每亩 200～250 克，加水常规喷雾，将药液喷洒在叶背面和心叶上。

3. 化学防治　用菊酯类药 2 000 倍液喷雾。

五、甘蓝菜粉蝶防治

1. 生物防治　在 3 龄前用苏云金杆菌、0.5%阿维菌素 800～1 000 倍液或 1%甲维盐 1 000～2 000 倍液喷雾。

2. 化学防治　在卵高峰后 7～10 天喷药，选用药剂有敌百虫、敌敌畏、辛硫磷、灭幼脲 1 号、灭幼脲 3 号等。

六、甘蓝蚜虫防治

用 50%抗蚜威可湿性粉剂 2 000 倍液，如蚜量较大时，加 3 勺熬熟的米粥上边的汤（250 毫升米汤，勿有米粒以免堵塞喷雾器孔），可连喷 2～3 次。

第十八讲
早熟大白菜病虫害适期防治技术

一、早熟大白菜病害防治

早熟大白菜主要的病害是软腐病和霜霉病。病害防治上以防为主。从出苗开始，每7～10天喷一次杀菌剂：5％辛菌胺水剂800倍液或80亿单位地衣芽孢杆菌1 000倍液或25％络氨铜（酸式有机铜）800倍液，严重时加高能钙胶囊喷施，农业防治时若发现软腐病株及时拔除，病穴用生石灰处理灭菌。

二、早熟大白菜虫害防治

早熟大白菜虫害主要是以菜青虫、小菜蛾和蚜虫为主。防治上应抓一个"早"字，及时用药，0.5％阿维菌素乳油800～1 000倍液或1％甲维盐乳油1 000～2 000倍液喷施，把害虫消灭在3龄以前。收获前10天停止用药。

第十九讲
花椰菜病虫害适期防治技术

一、花椰菜病害防治

花椰菜病害防治主要是育苗期病害防治。育苗期正值高温多雨季节，极易感染猝倒病、立枯病、病毒病、霜霉病、炭疽病、黑腐病等病害。为防止感病死苗，齐苗后要立即用 2.85% 硝钠·萘乙酸 1 000～1 500 倍液或 1.8% 复硝酚钠水剂 1 000～1 500 倍液或 25% 络氨铜（酸式有机铜）水剂 800 倍液喷洒苗床。定苗后用 20% 吗胍·硫酸铜水剂 800 倍液、80 亿个/单位地衣芽孢杆菌水剂 1 000 倍液，或 20% 吗胍·乙酸铜可湿性粉剂、72% 硫酸链霉素可溶性粉剂、3% 多抗霉素可湿性粉剂 800～1 200 倍液进行叶片喷雾，每 7～10 天一次轮流使用。

二、花椰菜虫害防治

花椰菜虫害主要是菜青虫、小菜蛾、蚜虫等。一般用 0.5％阿维菌素乳油 800～1 000 倍液或 1％甲维盐乳油 1 000～2 000 倍液喷施，把害虫消灭在 3 龄以前。

第二十讲
麦套番茄病虫害适期防治技术

一、麦套番茄育苗播种期病虫害防治

麦套番茄育苗播种期（3月中上旬）病虫害防治主要内容为：

1. 主要防治对象 猝倒病、立枯病、早疫病、溃疡病、青枯病、病毒病；地下害虫。

2. 主要防治措施

(1) 品种选择 选用抗病优良品种。

(2) 药剂处理苗床 用40%甲硫·福美双可湿性粉剂每平方米9~10克或40%拌种双粉剂每平方米8克加细土4.5千克拌匀制成药土，播前一次性浇透水，待水渗下后，取1/3药土撒在苗床上，把种子播上后，再把余下的2/3药土覆盖在上面。

(3) 种子消毒

①温汤浸种。将种子在 30℃清水中浸 15～20 分钟，加热水至水温 50～55℃，再浸 15～20 分钟，加凉水至 25～30℃，再浸 4～6 小时可杀死多种病菌。

②福尔马林浸种。将温汤浸过的种子晾去水分，放在 1%的福尔马林溶液中浸 15～20 分钟，捞出用湿布包好闷 2～3 小时，再用清水洗净，可预防早疫病。

③高锰酸钾浸种。将种子放在 1%高锰酸钾溶液中浸 15～20 分钟，捞出用清水洗净，或直接用 80 亿单位地衣芽孢杆菌叶菜专用包衣剂包衣，既安全又省工省时。可预防溃疡病等细菌性病害及花叶病毒病。

(4) 地下害虫防治
每亩用 0.5 千克辛硫磷兑水 4 千克拌炒香麦麸 25 千克制成毒饵，均匀撒于苗床上。

二、麦套番茄苗期病虫害防治

麦套番茄苗期（3 月下旬至 5 月下旬）病虫

害防治主要内容为：

1. 主要防治对象 猝倒病、立枯病、早疫病、溃疡病；地老虎。

2. 主要防治措施

（1）猝倒病 用25％酸性络氨铜水剂1 000倍液，50％敌磺钠可湿性粉剂1 000倍液，75％百菌清可湿性粉剂600倍液叶面喷雾。

（2）立枯病 5％多抗萘乙水剂800倍液，80亿单位地衣芽孢杆菌水剂800倍液，28％井冈·多菌灵悬浮剂800～1 000倍液均匀喷施。猝倒病、立枯病混合发生时可用5％辛菌胺水剂＋80亿单位地衣芽孢杆菌水剂800倍液喷匀为度；严重时若红根红斑加高能钾，若黑根加高能钙，若黄叶加高能铁，若卷叶加高能锌，喷匀为度；还可用72.2％霜霉威盐酸盐水剂800倍液防治。

（3）早疫病 发病前开始喷25％络氨铜水剂（酸性有机铜）800倍液，喷匀为度，80亿单位地衣芽孢杆菌水剂800倍液，喷匀为度，80％代森锰锌可湿性粉剂600倍液，50％异菌脲悬浮剂1 000倍液，用10％百菌清可湿性粉剂600倍液防治。

(4) 溃疡病 严格检疫，发现病株及时根除，全田喷洒用 1.8％辛菌胺水剂 1 000 倍液，喷匀为度，用 80 亿单位地衣芽孢杆菌水剂 800 倍液，喷匀为度，用 20％噻菌铜悬浮剂 1 000～1 500 倍液，喷匀为度，用 25％络氨铜水剂（酸性有机铜）800 倍液，喷匀为度，或用 50％琥胶肥酸铜可湿性粉剂 500 倍液防治。

(5) 地老虎 用 90％晶体敌百虫 250 克拌切碎菜叶 30 千克加炒香麦麸 1 千克拌匀制成毒饵撒于行间，诱杀幼虫。

三、麦套番茄开花坐果期病虫害防治

麦套番茄开花坐果期（6 月上旬至 7 月上旬）病虫害防治主要内容为：

1. 主要防治对象 早疫病、晚疫病、茎基腐病、枯萎病、斑枯病、病毒病；棉铃虫、烟青虫。

2. 主要防治措施

(1) 早疫病 同苗期防治。

（2）晚疫病 在发病初期喷洒用 25％络氨铜水剂（酸性有机铜）800 倍液，喷匀为度，或用 5％辛菌胺水剂 1 000 倍液，喷匀为度，72.2％霜霉威盐酸盐水剂 800 倍液，72％霜脲·锰锌可湿性粉剂 500～600 倍液，严重时加高能钙胶囊 1 粒防治。

（3）茎基腐病 在发病初期喷施 50％敌磺钠可湿性粉剂 1 000 倍液，或用中生菌素水剂 800 倍液，喷匀为度，23％络氨铜水剂（酸性有机铜）800 倍液，喷匀为度，20％甲基立枯磷乳油 1 200 倍液，也可在病部涂五氯硝基苯粉剂 200 倍液＋50％福美双可湿性粉剂 200 倍液。

（4）枯萎病 发病初期用 80 亿单位地衣芽孢杆菌水剂 1 000 倍液灌根，或用 1.8％辛菌胺水剂 1 000 倍液，喷匀为度，或用 28％井冈灌根，每株灌 100 毫升。

（5）斑枯病 发病初期用 25％络氨铜水剂（酸性有机铜）800 倍液，喷匀为度，或用 10％百菌清可湿性粉剂 500 倍液。

（6）病毒病 发病初期喷洒 20％吗胍·硫酸铜水剂 1 000 倍液，喷匀为度，或用香菇多糖水剂，31％氨苷·吗啉胍可溶性粉剂800～1 000倍液，20％吗胍·乙酸铜可湿性粉剂500倍液，5％辛菌胺水剂400倍液等均匀喷施，严重时加高能锌胶囊1粒。同时注意早期防蚜，消灭传毒媒介，尤其在高温干旱年份更要注意喷药防治蚜虫，预防烟草花叶病毒侵染。

（7）棉铃虫

①农业措施。结合整枝打顶和打杈，有效减少卵量，同时及时摘除虫果；在番茄行间适量种植生育期与棉铃虫成虫产卵期吻合的玉米诱集带。

②生物防治。卵高峰后3～4天及6～8天连续两次喷洒Bt乳剂或棉铃虫核型多角体病毒。

③化学防治。卵孵化期至2龄幼虫盛期用0.5％阿维菌素乳油800～1 000倍液均匀喷洒，或用1％甲维盐乳油1 000～1 500倍液，4.5％高效氯氰菊酯乳油1 000倍液，2.5％高效氯氟氰菊酯乳油5 000倍液，10％菊·马乳油1 500倍液等防治。

（8）烟青虫　化学防治同棉铃虫。

四、麦套番茄结果期到果收病虫害防治

麦套番茄结果期到果收（7 月中旬至 10 月上旬）病虫害防治主要内容为：

1. 主要防治对象 灰霉病、叶霉病、煤霉病、斑枯病、芝麻斑病、斑点病、灰叶斑病、灰斑病、茎枯病、黑斑病、白粉病、炭疽病、绵腐病、绵疫病、软腐病、疮痂病、青枯病、黄萎病、病毒病、脐腐病；棉铃虫、甜菜夜蛾。

2. 主要防治措施

（1）灰霉病、叶霉病、煤霉病 于发病初期喷施 25%络氨铜水剂（酸性有机铜）800 倍液，喷匀为度，或用 20%噻菌铜悬浮剂 1 000～1 500 倍液，3%多抗霉素 500 倍液，80 亿单位地衣芽孢杆菌水剂 600 倍液，50%腐霉利可湿性粉剂 2 000 倍液，50%异菌脲可湿性粉剂 1 500 倍液，2%武夷菌素水剂 150 倍液，30%嘧霉·多菌灵悬浮剂 800～1 000 倍液等均匀喷施。以上几种药剂交替施用，隔 7～10 天喷一次，共 3～4 次。

(2) 斑枯病、芝麻斑病、斑点病、灰叶斑病、灰斑病、茎枯病、黑斑病 于发病初期喷施25％络氨铜水剂（酸性有机铜）800 倍液，喷匀为度，或用 10％百菌清可湿性粉剂 500 倍液，50％扑海因可湿性粉剂 1 000～1 500 倍液等。

(3) 白粉病 用 12.5％烯唑醇可湿性粉剂 20 克兑水 15 千克，叶面正反喷施；用 10％苯醚甲环唑水分散剂 30 克兑水 15 千克，叶面喷施；或用 2％武夷菌素水剂或 4％嘧啶核苷类抗生素水剂 150 倍液，正反叶面喷雾防治。

(4) 炭疽病 用 1.8％辛菌胺水剂 1 000 倍液喷匀为度，或用 80 亿单位地衣芽孢杆菌水剂 800 倍液，喷匀为度，80％炭疽福美可湿性粉剂 800 倍液，10％百菌清可湿性粉剂 500 倍液喷雾防治。

(5) 绵腐病 绵疫病于发病初期喷用 25％络氨铜水剂（酸性有机铜）800 倍液，喷匀为度，或用 1.8％辛菌胺水剂 1 000 倍液，喷匀为度，或用 72.2％霜霉威盐酸盐水剂 500 倍液进行防治。

(6) 软腐病、疮痂病、溃疡病等细菌性病害 于发病初期喷 20％噻菌铜悬浮剂 1 000 倍液或

25％络氨铜水剂（酸性有机铜）800 倍液，50％琥珀酸铜（DT）可湿性粉剂 400 倍液进行防治，7～10 天喷施一次，连续 2～3 次。

(7) 青枯病 细菌性病害，可用 20％噻菌铜悬浮剂 1 000 倍液、25％络氨铜水剂 800 倍液、50％DT 可湿粉剂 400 倍液等灌根，每株灌兑好的药液 0.3～0.5 升，隔 10 天一次，连灌 2～3 次。

(8) 黄萎病 黄萎病又称根腐病，发病初期喷洒 80 亿单位地衣芽孢杆菌水剂 800 倍液，同时把喷头去掉用喷杆淋根，或用 5％辛菌胺水剂 1 000 倍液，喷匀为度，10％多菌灵水杨酸可溶剂 300 倍液，隔 10 天一次，连喷 2～3 次，或用 50％DT 可湿性粉剂 350 倍，每株用 0.5 升药液灌根，隔 7 天一次，连灌 2～3 次。

(9) 脐腐病 属缺钙引起的一种生理性病害。首先应选用抗病品种，其次要采用配方施肥，根外喷施钙肥，在定植后 15 天喷施 80 亿单位地衣芽孢杆菌水剂 800 倍液加高能钙胶囊 1 粒，喷匀为度，或用 5％病毒清复合液肥或 0.2％钙硼液肥或 2％硼钙粉剂；坐果后 1 月内喷洒1%的过磷酸钙澄清液或精制钙胶囊或专用补钙剂等。

(10) 甜菜夜蛾

①物理防治。用黑光灯诱杀成虫。

②农业防治。3～4月清除杂草，消灭杂草上的初龄幼虫。

③化学防治。用0.5%阿维菌素乳油800～1 000倍液均匀喷施，或用1%甲维盐乳油1 000～1 500倍液，10%氯氰菊酯乳油1 500倍液，灭幼脲1号及3号制剂500～1 000倍液，常规喷雾防治。

第二十一讲
三樱椒病虫害适期防治技术

一、三樱椒播种及发芽期病虫害防治

三樱椒播种及发芽期（2月下旬至3月上旬）病虫害防治主要内容为：

1. 主要防治对象　炭疽病、斑点病、疮痂病、青枯病、病毒病；地下害虫。

2. 主要防治措施

（1）选种、晒种、浸种　将选好的优质种子暴晒 2～3 天，用 30～40℃ 温水浸种 8～12 小时。

（2）种子消毒　将浸过的种子晾去水分，再用 300 倍液的福尔马林溶液处理 15 分钟，或用 0.3％的高锰酸钾溶液处理 10～20 分钟，或用 600 倍液的退菌特可湿性粉剂处理 15～20 分钟，可有效预防炭疽病、斑点病、疮痂病；然后用5%辛菌胺水剂1 000倍液喷10～20分钟，或用1%硫酸铜溶液处理5分钟，或10%磷酸三钠溶液处理15～20分钟，或直接用80亿单位地衣芽孢辣椒专用包衣剂倒在选好的种子上按1∶80药种比拌种包衣，可预防青枯病、病毒病。

（3）苗床消毒 按苗床用1.8%辛菌胺水剂600倍液或地芽菌500倍液喷匀或泼洒，或按面积每平方米用54.5%噁霉·福美双可湿性粉剂5～10克或者50%氯溴异氰尿酸可溶性粉剂5～10克，加细土1千克混匀，撒到床面上，然后再浇水、撒种、覆土。

（4）地下害虫防治 用40%辛硫磷乳油0.5千克拌麦麸25千克撒于苗床上。

二、三樱椒苗期病虫害防治

三樱椒苗期（3月上旬至5月中旬）病虫害防治主要内容为：

1. 主要防治对象 猝倒病、立枯病、卷叶病毒病、炭疽病；蚜虫、红蜘蛛、地老虎、地下害虫。

2. 主要防治措施

（1）农业防治　注意通风透光，增加土壤通透性，提高地温，也可在苗床上撒草木灰。

（2）化学防治　用 25％络氨铜水剂（酸性有机铜）800 倍液喷匀为度，或用 80 亿单位地衣芽孢杆菌水剂 800 倍液，10％百菌清可湿性粉剂 500 倍液，50％敌磺钠可湿性粉剂 1 000 倍液等喷施，防治猝倒病、立枯病、炭疽病。用 28％吗胍·硫酸铜水剂 800 倍液均匀喷施，防治卷叶、小叶病毒病。防治蚜虫、红蜘蛛可用蚜螨净或敌蚜灵等。防治地老虎在定植后用 90％晶体敌百虫 250 克兑水 2.5 千克拌切碎菜叶 30 千克＋麸皮 1 千克拌匀制成毒饵撒于苗床。防治地下害虫仍可用辛硫磷拌麦麸制成毒饵。

三、三樱椒开花坐果期病虫害防治

三樱椒开花坐果期（5 月下旬至 7 月底）病虫害防治主要内容为：

1. 主要防治对象　炭疽病、褐斑落叶症、青枯病、落花症；蚜虫、红蜘蛛、玉米螟。

2. 主要防治措施

(1) 农业防治 增施有机肥和磷、钾肥，加强田间管理，培育抗病健株，增加抗逆性。

(2) 化学防治 用 25％络氨铜水剂（酸性有机铜）30 克兑水 15 千克，或用 80 亿单位地衣芽孢杆菌水剂 1 500 倍液喷洒叶面，防治炭疽病、褐斑落叶症、青枯病、落花症。用 75％百菌清可湿性粉剂 800 倍或 45％代森铵 800 倍液防治炭疽病。用 20％络氨铜·锌水剂 500 倍液或 2.1％青枯立克水剂喷施防治青枯病。用抗蚜威、阿维菌素、蚜螨净等防治蚜虫、红蜘蛛。用 25％氧乐氰乳油 1 000～1 500 倍液防治玉米螟。

四、三樱椒结果期病虫害防治

三樱椒结果期（8 月至收获）病虫害防治主要内容为：

1. 主要防治对象 病毒病、枯萎病、疮痂病、炭疽病、青枯病、绵疫病、软腐病；棉铃虫、玉米螟、甜菜夜蛾、烟青虫。

2. 主要防治措施

（1）病毒病防治 前期用 20％吗胍·硫酸铜水剂 1 000 倍液喷匀为度，或用 0.5％香菇多糖水剂 400 倍液喷匀为度，或用 0.3％的高锰酸钾、植病灵等药液喷洒；中后期用 31％氮苷·吗啉胍可溶性粉剂等药剂，严重时加高能锌胶囊 1 粒或多元素复合肥常规喷雾。

（2）枯萎病防治

①农业防治。增施有机肥和磷、钾肥，防治田间积水。

②化学防治。发病初期喷用 80 亿单位地衣芽孢杆菌水剂 800 倍液喷匀为度，或用 1.8％辛菌胺水剂 1 000 倍液，喷匀为度，25％咪鲜胺乳油 1 500 倍液，每 7～10 天喷一次，连喷 2～3 次；或用 25％络氨铜水剂灌根，连灌 2～3 次；也可用 30％琥胶肥酸铜可湿性粉剂 600 倍液或 4％嘧啶核苷类抗生素可湿性粉剂 300 倍液灌根。

（3）疮痂病防治 用 72％硫酸链霉素水剂 1 000～1 500 倍液喷匀为度，或用农用链霉素 200 单位浓度，45％代森铵 500 倍液，25％络氨铜 800 倍液，77％氢氧化铜可湿性粉剂、30％琥胶肥酸铜可湿性粉剂 600～800 倍液等喷洒；发病初期也可喷 1∶0.5∶200 的波尔多液。

(4) 青枯病防治 用 20％噻菌铜悬浮剂 1 000 倍液喷匀为度，或用 25％络氨铜水剂 800 倍液、77％可杀得可湿性微粒粉剂 500 倍液轮换喷雾，7～8 天一次，连喷 2～3 次；或用 40％嘧啶核苷类抗生素水剂 300 倍液每穴 200 毫升灌根。

(5) 绵疫病防治 用 25％络氨铜水剂（酸性有机铜）800 倍液喷匀为度，或在降雨或浇水前喷 1∶2∶200 倍的波尔多液，或喷施 45％代森铵水剂 800 倍液，77％可杀得可湿性微粒粉剂 600 倍液等。

(6) 软腐病防治 软腐病多因钙、硼元素流失而侵染，用 80 亿单位地衣芽孢杆菌水剂 800 倍液加高能钙喷匀为度，或用 72％硫酸链霉素水剂 1 000～1 500 倍液加高能钙、高能硼各 1 粒喷匀为度，常规喷雾 5 天一次，连喷 2～3 次。

(7) 棉铃虫、烟青虫防治

①物理防治。用杨、柳树枝把、黑光灯、玉米诱集带、性诱剂等诱杀成虫。

②生物防治。在卵盛期每亩用 Bt250 毫升或 NPV 病毒杀虫剂 80～100 克兑水 30～40 千克喷雾。

③化学防治。用 50％辛硫磷乳剂 2 000 倍液，或 25％氧乐氰乳油 1 500 倍、4.5％高效氯氰菊酯乳油 1 200 倍液、30％灭·辛乳油 1 000 倍或 43％辛·氟氯氰乳油 1 000～1 500 倍液喷雾防治。

(8) 甜菜夜蛾防治

①物理防治。该虫对黑光趋性较强，可用黑光灯诱杀成虫。

②化学防治。用 0.5％阿维菌素乳油 800～1 000 倍液均匀喷施，或用 1％甲维盐乳油 1 000～1 500 倍液喷施，或用 24％虫酰肼悬浮剂 2 000～3 000 倍液、25％辛·氟氯氰乳油 800 倍液、25％氯氰·辛硫磷乳油 800 倍液等，在 3 龄前喷药防治。

第二十二讲
大葱病虫害适期防治技术

大葱病虫害的防治，更需要及时有效。同时，大葱又是叶菜类蔬菜，多用于鲜食或炒食，因此，使用农药必须严格选用高效低毒低残留品种，严格控制使用药量，尤其是采收前2周多数杀虫、杀菌剂应停止使用。由于该蔬菜生育期较长，地下害虫较难防治，目前该蔬菜农药残留超标现象较严重，已成为优先解决的核心问题。

一、大葱主要病虫害

1. 侵染性病害　大葱猝倒病、大葱立枯病、大葱紫斑病、大葱霜霉病、大葱灰霉病、大葱锈病、大葱黑斑病、大葱褐斑病、大葱小菌核病、大葱白腐病、大葱软腐病、大葱疫病、大葱白色疫病、大葱黄矮病、大葱叶枯病、大葱叶霉病、大葱叶腐病、大葱黑粉病、葱线虫病等。

2. 非侵染性病害 沤根、大葱叶尖干枯症、大葱营养元素缺乏症等。

3. 虫害 蛴螬、蝼蛄、金针虫、葱蝇、葱蓟马、葱斑潜蝇、种蝇、蒜蝇、甜菜夜蛾、斜纹夜蛾等。

二、大葱病虫害防治

1. 农业防治 依据病虫、大葱、环境条件三者之间关系，结合整个农事操作过程中的土、肥、水、种、密、管、工等各方面一系列农业技术措施，有目的地改变某些环境条件，使之不利于病虫害发生，而有利于大葱的生长发育；或者直接或间接消灭或减少病原虫源，达到防害增产的目的。

(1) 合理轮作 采取与非葱属作物 3～4 年轮作，能够改善土壤中微生物区系组成，促进根际微生物群体变化，改善土壤理化性状，平衡恢复土壤养分，提高土壤供肥能力，促进大葱健壮生长而防病、防虫。

(2) 清洁田园 拔除田间病株，消灭病虫发生中心，清除田间病残组织及卵片，施用腐熟洁净的有机肥，减少田间病虫源的数量，尤其降低越冬病虫量，从而能有效地防治或减缓病虫害的流行。

(3) 选用抗病品种 在品种方面，一般以辣味浓、蜡粉厚、组织充实的类型品种较抗病或耐病，如抗病抗风性好的章丘气煞风，对霜霉病、紫斑病、灰霉病抗性较强的三叶齐、五叶齐、鸡腿葱等，以及生长快、丰产性好的章丘大梧桐等品种。

培育选用无病壮苗。加强种子田病虫害的防治，控制种子带病。加强育苗田病虫防治工作，采取综合措施促发壮苗，移栽时认真剔除弱苗、病苗和残苗。

(4) 改进栽培技术 创造适合于葱生长发育的条件，协调植株个体发育，增强抗病、抗虫、抗逆能力，加深土壤耕层，活化土壤，综合运用现有的农业措施，采用先进化学手段实施壮株抗虫、抗病栽培，从而达到栽培防病、防虫的目的。

加强田间管理。合理施肥，重施基肥，增施磷、钾肥，避免偏施氮肥，适当密植，合理灌溉，加强中耕，提高葱抗逆能力。同时，采用叶面喷肥，补施微肥，应用激素等措施，促进大葱稳健生长，协调养分供应，从而达到延迟病虫发生，躲避病虫侵害，减轻病虫危害的目的。

2. 化学防治

（1）播种期土壤处理 苗畦整好后，在畦内亩撒3％辛硫磷颗粒剂1.0～1.5千克，药土混匀后浇水播种。用80亿单位地芽菌葱类专用种子包衣剂包衣，按药种比1∶100包衣，或用50℃温水浸种15分钟进行种子消毒，或用50％多菌灵可湿性粉剂300倍液拌种后再播种。

（2）苗期 防治葱蓟马、潜叶蝇，用斑潜菌毒二合一既治虫又治病，用菊酯类杀虫剂或用0.5％阿维菌素乳油800～1 000倍液均匀喷施，或用1％甲维盐乳油1 000～1 500倍液与80％敌敌畏乳剂800倍混合液喷施，或50％辛硫磷乳油1 000倍与菊酯类2 000倍液混配，每5～7天喷一次，连喷4～5次，每亩每次喷药40～50千克。防治葱蛆用0.5％阿维菌素乳油800～1 000

倍液灌根。若有猝倒、根腐、干尖等病害，则采用 25％络氨铜水剂（酸性有机铜）800 倍液喷匀为度，或用大葱克菌王或用 80 亿单位地衣芽孢杆菌水剂 800 倍液喷匀为度，64％噁霜·锰锌可湿性粉剂 400 倍液或 70％代森锰锌可湿性粉剂 300 倍液喷洒。

（3）成株期 定植前葱沟内亩施 3％辛硫磷颗粒剂 4 千克，栽植前选用 90％敌百虫粉剂 500 倍液蘸根，防治地下害虫及蓟马、葱蛆。防治成株期病害，选用 20％吗胍·硫酸铜水剂 1 000 倍液喷匀为度，或用 5％辛菌胺水剂 1 000 倍液喷匀为度，或用 25％络氨铜水剂（酸性有机铜）800 倍液喷匀为度，或用 70％代森锰锌或代森锌可湿性粉剂 350 倍液，轮换交替使用，每 5～7 天一次，连喷 2～3 次，每次用药液 50～60 千克。一旦灰霉病严重发生则采用 30％嘧霉·多菌灵悬浮剂 800～1 000 倍液均匀喷施，或用 50％异菌脲可湿性粉剂 400 倍或 50％腐霉利可湿性粉剂 400 倍液轮用。霜霉病则采用 3％多抗霉素可湿性粉剂 800 倍液喷施，58％瑞梅毒·锰锌可湿性粉剂 400 倍液或 72％霜脲·锰锌可湿性粉剂 500 倍液防治，紫斑、黑斑等病严重则采用 25％络氨铜水剂（酸性有机铜）500 倍液喷匀为度，50％异菌脲悬浮剂配 70％代森锰锌可湿性粉剂 1 500～2 000 倍液混合喷治。防治叶部害虫用药同苗期，以 5～7 天一次为宜。

第二十三讲
大蒜病虫害适期防治技术

一、大蒜主要病虫害

1. 大蒜真菌性病害 大蒜叶枯病、大蒜锈病、大蒜大煤斑病、大蒜灰叶斑病、大蒜紫斑病、大蒜灰霉病、大蒜疫病、大蒜叶疫病、大蒜白腐病、大蒜菌核病、大蒜干腐病、大蒜黑头病及大蒜贮藏期灰霉病、青霉病和红腐病。

2. 大蒜细菌性病害 大蒜细菌性软腐病。用25%络氨铜水剂（酸性有机铜）800倍液喷匀为度，或用72%硫酸链霉素水剂1 000～1 500倍液喷匀为度，或用20%叶枯唑可湿性粉剂（叶枯唑只能用在大葱、大蒜、韭菜上，不能用在黄瓜、番茄、辣椒上）1 000倍液喷施。

3. 大蒜病毒性病害 大蒜花叶病毒病、大蒜褪绿条斑病毒病。用20%叶枯唑可湿性粉剂

1 000倍液喷施，或用1.8%辛菌胺醋酸盐水剂1 000倍液喷匀为度，或用31%氮苷·吗啉胍可溶性粉剂800～1 000倍液均匀喷施。

4. 大蒜生理性病害 大蒜黄叶和干尖。用大蒜王中王或大蒜叶枯宁或大蒜黄叶病毒灵防治。或根据大蒜表现症状：若红点紫斑紫锈红纹加高能钾胶囊，若白点白斑加高能铜胶囊，若黄点黄斑加高能锰胶囊，若心叶发皱发黄加高能锌胶囊，若根部发烂加高能硼胶囊，若蒜头黑斑黄斑加高能钙胶囊。

5. 大蒜虫害 危害大蒜的地下害虫有蝼蛄、蛴螬、金针虫、葱蝇、种蝇、韭蛆等，尤其以葱蝇、种蝇、韭蛆为重；叶部害虫以蓟马、蚜虫为重。

二、大蒜病虫害防治

1. 农业防治

(1) 选用优良品种和脱毒蒜种 选用瓣大、无虫、无病斑的蒜瓣作为种用，并在播种前一天用20%吗胍·硫酸铜水剂1 000倍液或用80

亿单位地衣芽孢杆菌水剂 800 倍液喷匀为度，或 50％异菌脲可湿性粉剂 1 500 倍或 50％腐霉利可湿性粉剂 1 500 倍液浸种 5 小时，晾干待播。

(2) 增施有机肥 亩施 5 000 千克以上优质腐熟有机肥，并配施普钙 50 千克，硫酸钾 15 千克，尿素 10 千克，精细整地，同时亩施 3％辛硫磷颗粒剂 2 千克或 2.5％虱螟灵可湿性粉剂 3～4 千克。

(3) 科学追肥，适时灌水 大蒜"烂母期"每亩及时追施 5％原生汁冲施肥 1 千克加尿素 15 千克冲施或撒施并浇水，亩追施腐熟饼肥 200 千克左右。花茎抽出前 10～15 天，及时追肥浇水，以亩施硫铵 20～25 千克为宜，连追 2 次。鳞茎膨大期用 2.85％硝钠·萘乙酸水剂 800～1 000 倍液均匀喷施，并适当追肥 15～20 千克。

(4) 适时喷施微肥 喷施高能锌、高能铁、高能锰、高能硼、高能铜或生物激素（用 0.004％芸薹素内酯水剂 800～1 000 倍液），喷匀为度，提高植株抗性。据试验，在大蒜 9 叶和 12 叶期各喷一次 2.85％硝钠·萘乙酸水剂 800～

1 000倍液，可提高大蒜产量25％；各喷一次叶面肥与B族维生素植物液可分别提高产量22.6％和19.6％，并可显著减轻病毒病的发生，提高植株抗逆能力。

2. 虫害防治 主要以葱蝇、种蝇、韭蛆为主，另有叶部蓟马、蚜虫等。4月中旬左右幼虫危害期用5％菊酯杀虫剂1 000倍液或5.5％阿维·菌毒二合一亩用1～2套喷施或灌根，杀死蛀入茎秆组织内的幼虫；成虫孵化盛期每隔10天喷30％敌氧菊酯1 000倍液，喷洒植株叶面及地表。植株周围土隙中的地上蓟马，根据发生情况和发生量采用40％菊·马乳油800倍液或37.5％氯·马乳油1 000倍液进行喷杀，每5～7天一次。

3. 病虫害防治 主要以大蒜叶枯病和病毒病、锈病为主，洞察病害发生初期，采用复配用药，进行主治和兼治预防等措施，把病害控制在初发阶段。选用农药用20％叶枯唑可湿性粉剂1 000倍液喷施，用80亿单位地衣芽孢杆菌水剂800倍液喷匀为度，用20％吗胍·硫酸铜水剂1 000倍液喷匀为度，或用50％异菌脲可湿性粉剂 800 倍液、50％腐霉利可湿性粉剂 1 000 倍液、70％乙膦铝·锰锌可湿性粉剂 500 倍液、75％百菌清可湿性粉剂 800 倍液等药剂轮换复配应用。

第二十四讲
韭菜病虫害适期防治技术

韭菜也是一种生长期较长的蔬菜，且地下虫害较重，也很顽固，目前生产中也易出现农药残留超标现象，也应放在突出位置加以解决。

一、韭菜主要病虫害

1. 韭菜真菌性病害 韭菜茎枯病、韭菜锈病、韭菜黑斑病、韭菜灰霉病、韭菜疫病、韭菜白绢病、韭菜菌核病。

2. 韭菜细菌性病害 韭菜软腐病。用 25% 络氨铜水剂（酸性有机铜）800 倍液喷匀为度，或用 80 亿单位地衣芽孢杆菌水剂 800 倍液喷匀为度，或用 3% 多抗霉素水剂 1 000 倍液喷匀为度。

3. 韭菜病毒性病害 韭菜病毒病用 20% 吗

胍·硫酸铜水剂 1 000 倍液喷匀为度，或用 0.5%香菇多糖水剂 600 倍液均匀喷施。

4. 韭菜生理性病害 韭菜低温冷害、韭菜黄叶和干尖，根据症状用 1.8%辛菌胺水剂1 000 倍液配合若红斑红纹加高能钾胶囊，若白点白斑加高能铜胶囊，若黄点黄斑加高能锰胶囊，若心叶发皱发黄弯钩加高能锌胶囊。若根部发烂加高能硼胶囊，若韭根黑烂黄斑加高能钙胶囊。

5. 韭菜虫害 危害韭菜的主要害虫有韭菜蛾和韭菜迟眼蕈蚊（韭蛆俗称黑头蛆）等。用菊酯类杀虫乳油常量加 50%敌百虫 800～1 000 倍液均匀喷施，或用 1%甲维盐乳油 1 000～1 500 倍液淋根喷施，严重时用 0.5%阿维菌素乳油 50 克加上 50%敌百虫粉剂 50 克兑水 15 千克淋根。或用 70%吡·杀单可湿性粉剂 50 克兑水 15 千克，效果显著。

二、韭菜病虫害防治

1. 韭菜生理性病害防治

（1）冷害 韭菜虽属耐寒蔬菜，遇过低的温度时也会遭受冷害。当温度在-2～-4℃时，叶尖先变白而后枯黄，整个叶片垂萎，温度在-6～-7℃时，全部叶片变黄枯死。保护地韭菜在-2～0℃时即可受冷害。韭菜低温冷害多发生于保护地栽培，防治措施：

①提高棚室温度，保持 15～20℃，防止冷空气侵袭。

②控制浇水量，保持土壤湿润。

③施足腐熟的有机肥，促进健壮生长并提高地温，防止冷害。

④喷施植物防冻剂或营养剂，增加韭菜的耐寒能力。

(2) 韭菜黄叶和干尖　主要有以下几种原因：

①长期大量施用粪肥或生理酸性肥料，导致土壤酸化而致韭菜叶片生长缓慢、细弱或外叶枯黄。

②保护地盖膜前大量施入氮肥加上土壤酸化严重，往往造成氨气积累和亚硝酸积累，分别导致先叶尖枯萎，后叶尖逐渐变褐变白枯死。

③当棚温高于35℃持续时间较长时，也能导致叶尖变黄变白。

④连阴天骤晴或高温后冷空气侵入则叶尖枯黄。

⑤硼素过剩可使叶尖干枯；锰过剩可致嫩叶轻微黄化，外部叶片黄化枯死；缺硼引起中心叶黄化发烂，生理受阻；缺钙时心叶黄化，根发黑，部分叶尖枯死；缺镁引起外部叶黄化枯死；缺锌中心叶黄化发皱。

⑥土壤中水分不足常引起干尖。

其防治措施：

①选用抗逆性强、吸肥力强的品种，增施腐熟的有机肥，采用配方施肥技术，叶面喷施光合液肥、复合微肥等营养剂。

②加强棚室管理，遇高温要及时放风、浇水，防止烧叶发生，遇低温则采取保护措施，防止寒流扑苗。

2. 韭菜病害防治

(1) 韭菜真菌性病害防治 以灰霉病为主，特别是保护地生产更为普遍。防治措施为：

①控温、降湿、适时通风。掌握相对湿度在

75％以下。

②注意清除病残体。韭菜收割后，及时清除病残体，将病叶、病株深埋或烧毁。

③应用药剂防治。

a. 喷雾。在韭菜每次收割后，及时选用 80 亿单位地衣芽孢杆菌水剂 500 倍液均喷地面。发病初期可选用 3％多抗霉素可湿性粉剂或 50％腐霉利可湿性粉剂或 50％异菌脲可湿性粉剂 800 倍液喷施，重点喷施叶片及周围土壤。

b. 烟雾。棚室可用 10％腐霉利烟剂或 10％百菌清烟剂，每亩 250 克分放 6～8 个点，用暗火点燃，熏蒸 3～4 小时。

c. 粉尘。于傍晚喷散 10％敌托粉尘剂或 5％百菌清粉尘剂，每亩每次 1 千克，9～10 天一次。

(2) 韭菜细菌性病害防治 有软腐病发生时可加入新植霉素 3 000～4 000 倍液，视病情 7～10 天一次，连防 2～3 次。有病毒病发生时，在初发期喷施 5％辛菌胺水剂 400 倍液，或 0.5％菇类蛋白多糖水剂 300 倍液或 20％吗胍·乙酸铜可湿性粉剂 500 倍液，连喷 3～4 次。

3. 韭菜虫害防治

（1）韭蛆防治

①农业防治。进行冬灌或春灌菜地可消灭部分幼虫，加入适量农药 5.5％阿维·菌毒二合一亩用 1～2 套喷施或灌根，效果更佳。铲出韭根周围表土，晒土并晒根，降低韭根及周围湿度，经 5～6 天可干死幼虫。

②药剂防治。在成虫羽化盛期，用 30％菊·马乳油 2 000 倍或 2.5％溴氰菊酯乳油 2 000 倍液喷雾，以上午 9～10 时施药为佳。在幼虫危害盛期，如发现叶尖变黄变软并逐渐向地面倒伏时，用 20％氯·马乳油 1 500 倍液或 50％辛硫磷乳油 500 倍液进行灌根防治。

（2）韭菜蛾防治常用药剂 用 0.5％阿维菌素乳油 800～1 000 倍液均匀喷施或用 1％甲维盐乳油 1 000～1 500 倍液喷施，或 20％氰戊菊酯乳油 2 000 倍液、2.5％溴氰菊酯乳油 2 000 倍液、2.5％高效氯氟氰菊酯乳油 2 000 倍液，也可用 20％甲氰菊酯乳油 2 000 倍液。

第二十五讲
葱头病虫害适期防治技术

葱头（又称圆葱）病虫害与大葱病虫害种类相似，其防治措施参照大葱。这里只把葱头主要生理性病害及其防治简述如下。

一、葱头主要生理性病害

1. 氮素缺乏与过剩 氮素不足，生长受到抑制，先从老叶开始黄化，严重时枯死，但根系活力正常。鳞茎膨大不良，造成鳞茎小而瘦，不能充分发挥其丰产潜力。氮素吸收过剩，叶色深绿，发育进程迟缓，叶部贪青晚熟，且极易染病。氮素过多则导致钙的吸收受阻，容易发生心腐和肌腐。5％原生汁冲施肥亩用 1 千克加尿素 10 千克冲施或加尿素 15 千克拌匀后撒施并叶喷高能钙胶囊。

2. 磷缺乏与过剩　磷素缺乏，导致株高降低，叶片减少，根系发育受阻，植株生长不良。磷素吸收过剩，则鳞茎外部鳞片会发生缺锌，内部鳞片发生缺钾，鳞茎盘会表现缺镁，则易发生肌腐、心腐和根腐。用高能钾、高能钙、高能镁胶囊各 1 粒加水 15 千克叶喷。

3. 缺乏钾　苗期缺钾，不表现出明显症状，但对鳞茎膨大会有影响，鳞茎肥大期缺钾，则易感染霜霉病，且降低葱头耐贮性。缺钾中后期，往往老叶的叶脉间发生白色到褐色的枯死斑点，很似霜霉病斑。用 80 亿单位地衣芽孢杆菌加水剂 800 倍液加高能钾胶囊 1 粒，喷匀为度。

4. 缺钙与过剩　钙吸收不足，则根部和生长点发育会受到影响，组织内部糖含量降低，新叶顶或中间产生较宽的不规则形黑斑或白枯斑，球茎发生心腐和肌腐发黑用高能钙。若钙吸收过量则会导致对其他微量元素的吸收减少，而引起其他元素缺乏。

5. 硼缺乏与过剩　缺硼则叶片扭曲、生长不良、畸形、失绿，嫩叶发生黄色和绿色镶嵌，质地变脆，叶鞘部发生梯形裂纹。鳞茎疏松，严重时发生心腐，根尖生育受阻，影响对其他元素正常吸收。硼过剩则自叶尖开始变白枯尖。用高能硼胶囊。

6. 缺铁、缺镁症 缺铁则新叶叶脉间发黄，严重时则整个叶片变黄。缺镁则嫩叶尖端变黄，继而向基部扩展，以至枯死，中间叶叶脉间淡绿至黄色。用高能铁、高能镁。

二、葱头生理性病害防治

（1）增施腐熟有机肥。

（2）采用全面配方施肥，满足葱头对各种元素的需求。

（3）不能偏施重施某种大量或微量肥料，采用综合配施，平衡土壤养分。

（4）及时对症喷施微量元素肥料。

第二十六讲
山药病虫害适期防治技术

山药是食用的佳蔬，又是常用的药材，是被人们公认的无公害蔬菜。栽培过程中常见的病害及防治技术如下。

一、山药红斑病防治

1. 农业防治　与小麦、玉米、甘薯、马铃薯、棉花、烟草、辣椒、胡萝卜、西瓜等不易被侵染的作物实行 3 年以上的轮作。同时，选无病田繁殖栽子，并配合轮作和施用无害肥料等综合措施。

2. 化学防治　用 0.1%～0.3% TMK 浸带病栽子 24 小时，防病效果达 95% 以上；在重茬种植的情况下，播前每亩沟施 TMK 颗粒剂 2 千克，防治效果达到 75% 以上。

二、山药炭疽病防治

1. 农业防治 发病地块实行 2 年以上的轮作；收获后将留在田间的病残体集中烧毁，并深翻土壤，减少越冬菌源；采用高支架管理，改善田间小气候；加强田间管理，适时中耕除草，松土排渍；合理密植，改善通风透光，降低田间湿度；合理施肥，以腐熟的有机肥为主，适当增施磷、钾肥，少施氮肥，培育壮苗，增强植株抗病性，氮肥过多会造成植株柔嫩而易感病；选用无病栽子，必要时播种前用 50％多菌灵可湿性粉剂 500～600 倍液浸种或把山药栽子蘸生石灰。

2. 化学防治 出苗后，喷洒 1∶1∶50 的波尔多液预防，每 10 天一次连喷 2～3 次。发病后用 58％甲霜灵·锰锌可湿性粉剂 500 倍液，25％瑞毒霉·锰锌可湿性粉剂 800～1 000 倍液喷洒，用 80％炭疽福美可湿性粉剂 800 倍液，用 70％甲基硫菌灵可湿性粉剂 1 500 倍液，50％异菌脲可湿性粉剂 1 000～1 500 倍液，77％氢氧化铜可湿性粉剂 500～600 倍液，或用翠贝杀菌剂（具有预防、治疗和铲除作用）7 天一次，连喷 2～3 次，喷后遇雨及时补喷。

三、山药褐斑病防治

褐斑病又称灰斑病或褐斑落叶病，其防治措施如下：

1. 农业防治　秋收后及时清洁田园，把病残体集中深埋或烧毁。

2. 化学防治　雨季到来时喷洒 75％百菌清可湿性粉剂 600 倍液或 50％多菌灵可湿性粉剂 600 倍液或 50％甲基硫菌灵·硫黄悬浮剂 800 倍液。

四、山药叶斑病防治

1. 农业防治　合理密植，适当加大行距，改善田间的通风透光条件；保护地栽培要采用高畦定植，地膜覆盖，适时通风降温排湿，防止田间湿度过大；多施腐熟的有机肥，增施磷、钾肥，提高植株的抗病性；保持田间清洁，发病初期及时摘除病叶，拉秧时彻底清除病残体，集中烧毁，减少病源。

2. 化学防治　突出"早"字，发病初期可用 1∶1∶200 波尔多液，或 50％的多菌灵可湿性粉剂 500 倍液，或 50％的甲基硫菌灵可湿性粉剂 500 倍液，或 75％百菌清可湿性粉剂 600 倍液，或 58％的甲霜灵·锰锌可湿性粉剂 600 倍液交替喷雾，每隔 5～6 天喷一次，连喷 3 次。

五、山药枯萎病防治

枯萎病俗称死藤，其防治措施如下：

1. 农业防治　选择无病的山药栽子作种，必要时在栽种前用 70％代森锰锌可湿性粉剂 1 000 倍液浸泡山药栽子 10～20 毫米后下种；入窖前在山药栽子的切口处涂 1∶50 石灰浆预防腐烂；施用酵素菌沤制的堆肥。

2. 化学防治　6 月中旬开始用 70％代森锰锌可湿性粉剂 600 倍液或 50％氯溴异氰尿酸水溶性粉剂 1 000 倍液喷淋茎基部，隔 10 天喷一次，共防治 5～6 次。

六、山药根茎腐症防治

1. 农业防治　收获时彻底收集病残物及早烧毁；实行轮作，避免连作。

2. 化学防治　发病初期用 75% 百菌清可湿性粉剂 600 倍液、53.8% 氢氧化铜干悬浮剂 1 000 倍液或 50% 福美双粉剂 500～600 倍液喷雾防治。隔 7～20 天喷一次，连续防治 2～3 次。

七、山药褐腐病防治

1. 农业防治　收获时彻底清除病残物，集中烧毁，并深翻晒土和薄膜密封进行土壤高温消毒，或实行轮作，可减轻病害发生；选用无病栽子做种，必要时把栽子切面阴干 20～25 天。

2. 化学防治　发病初期喷洒 70% 甲基硫菌灵可湿性粉剂 1 000 倍液加 75% 百菌清可湿性粉剂 1 000 倍液，或 50% 甲基硫菌灵·硫黄悬浮剂 800 倍液，隔 10 天喷一次，连续防治 2～3 次。

八、 山药黑斑病防治

防治方法。选用抗病品种和无病栽子，建立远病繁殖田；与禾本科作物实行 3 年以上的轮作；及时清除田间病残株；播种前，栽子在阳光下晾晒后用 1∶1∶150 波尔多液浸种 10 分钟消毒；结合整地或挖土回填，在离地表 20～30 厘米处，每亩用 50％辛硫磷乳油 500 克进行土壤消毒。

九、 山药斑枯病防治

化学防治。发病后用 58％甲霜灵·锰锌可湿性粉剂 500 倍液或 25％瑞毒霉·锰锌可湿性粉剂 800～1 000 倍液进行喷雾防治，或用 80％炭疽福美可湿性粉剂 800 倍液、70％甲基硫菌灵可湿性粉剂 1 500 倍液、50％异菌脲可湿性粉剂 1 000～1 500 倍液、77％氢氧化铜微粒剂 500～600 倍液，7 天一次，连喷 2～3 次，喷后遇雨及时补喷。

十、山药斑纹病防治

1. 农业防治　实行轮作，避免连作；收获后及时清除病残体，集中深埋或烧毁，减少初次侵染；提倡施用酵素菌沤制的堆肥。

2. 化学防治　从 6 月初开始喷洒 53.8％氢氧化铜干悬浮剂 1 000 倍液，50％福美双粉剂 500～600 倍液，或 1∶1∶（200～300）倍的波尔多液，隔 7～10 天喷一次，连续防治 2～3 次。

十一、山药根结线虫病防治

近年来，随着山药栽培面积的扩大，山药根结线虫病的发生蔓延逐渐加重，轻者减产20％～30％，重者减产 70％以上，并且商品品质明显下降。其防治措施如下：

1. 植物检疫　在调运山药种时，要严格进行检疫，农户间在借用或购买山药种时应引起重视，不从病区引种，不用带病的山药种，选择健壮无病的山药作为繁殖材料，杜绝人为传播。

2. 农业防治

(1) 合理轮作 有水源的地方实行水旱轮作，改种水稻 3～4 年再种蔬菜，或与玉米、棉花进行轮作，能显著地减少土壤中线虫量，是一项简便易行的防治措施。

(2) 诱杀防治，降低虫口密度 种植一些易感根结线虫的绿叶速生蔬菜，如小白菜、香菜、生菜、菠菜等，生长期 1 个月左右即可收获，此时根部布满根结，但对产量影响不大。收获时连根拔起，地上部可食用，将根部带出田外集中销毁，可减少土壤内的线虫量，是一种可行的防治方法。

(3) 消除病残体，增施有机肥 将病残体植株带出田外，集中晒干、烧毁或深埋，并铲除田中的杂草如苋菜等，以减少下茬线虫数量。施用充分腐熟的有机肥作为底肥，保证山药生长过程中良好的水肥供应，使其生长健壮。

3. 种子处理 对作为留种用的山药栽子或山药段，伤口处（即截面）要立即用石灰粉蘸一下，从而起到消毒灭菌的作用。接着将预留的山药种在太阳光下晾晒，每天翻动 2～3 次，以促进伤口愈合，形成愈伤组织，增强栽子的抗病性和发芽势。

4. 化学防治 在山药下种之前，每亩用10％克线磷颗粒剂 1.5 千克掺细土 30 千克撒施于种植沟内，用抓钩搂一下，深度 10 厘米左右，与土壤掺匀，然后进行开沟、下种。

5. 生物防治 用生物农药甲氨基阿维菌素苯甲酸盐（甲维盐）乳油防治根结线虫病。其用法是：定植前每亩用 1.8％甲维盐乳油 450～500毫升拌 20～25 千克细沙土，均匀撒施地表，然后深耕 10 厘米，防治可达 90％以上，持效期 60天左右，或用阿维菌素防治。

第二十七讲

当前农作物病虫害防治中存在的主要问题与对策

一、当前农作物病虫害防治中存在的主要问题

1. 病虫草害发生危害不断加重　因生产水平的提高、作物种植结构调整、耕作制度的变化、品种抗性的差异、气候条件异常等综合因素影响，当前生产中病虫草害发生危害越来越重。病虫草害发生总体趋势表现为发生种类增多、频率加快、区域扩大、时间延长、程度趋重；同时新的病虫草害不断侵入和一些次要病虫草害逐渐演变为主要病虫草害，增加了防治难度和防治成本。比如：随着日光温室蔬菜面积的不断扩大，连年重茬种植，辣椒根腐病、蔬菜根结线虫病、

斑潜蝇、白粉虱等次要病虫害上升为主要病虫害，而且周年发生，给防治带来了困难。

2. 病虫草害综防意识不强　目前，大部分地区小户经营，生产规模较小，在农作物病虫草害防治上存在"应急防治为重、化学防治为主"的问题，不能充分从整个生态系统去考虑，而是单一进行某虫、某病的防治，不能统筹考虑各种病虫草害防治及栽培管理的作用，防治方法也主要依赖化学防治，农业、物理、生物、生态等综合防治措施还没有被农民完全采纳，甚至有的农民对先进的防治技术更是一无所知。即使在化学防治过程中，也存在着药剂选择不当、用药剂量不准、用药不及时、用药方法不正确、见病见虫就用药，甚至有人认为用药浓度越大越好等问题。造成了费工、费药、污染重、有害生物抗药性强、对作物危害严重的后果。

3. 忽视病虫草害的预防工作，重治轻防
生产中常常忽略栽培措施及经常性管理中的防治措施，如合理密植、配方施肥、合理灌溉、清洁田园等常规性防治措施，而是在病虫大发生时才去进行防治，往往造成事倍功半的效果，且大量的用药会使病虫产生抗药性，同时，也造成了环境污染。

4. 重视化学防治，忽视其他防治措施　当前的病虫草害防治，以化学农药控制病虫及挽回经济损失能力最大而广被群众采用，但长期依靠某一有效农药防治某些病虫或草害，只简单地重复用药，会使病虫产生抗性，防治效果也就降低。这样，一个优秀的杀虫剂或杀菌剂或除草剂，投入到生产中去不到几年效果就锐减。故此，化学防治必须结合其他防治进行，化学防治应在其他防治措施的基础上，作为第二性的防治措施。

5. 乱用农药和施用剧毒农药　一些农户为快速控制病虫发生，一方面，在病虫防治上盲目加大用药量，将用药量扩大 1～2 倍，甚至更大，这样造成了农药在产品上的大量积累，也促进了病虫抗性的产生；另一方面，当病虫害发生时，乱用乱配农药，有时错过了病虫防治适期，造成了不应有的损失，甚至有时违反农药安全施用规定，将一些剧毒农药大剂量在大葱、花生等作物上施用，既污染蔬菜和环境，又极易造成人、畜中毒，更不符合无公害蔬菜生产要求。

6. 忽视了次要病虫害的防治 长期单一用药，虽控制了某一病虫草害的发生，但同时也使一些次要病虫草害上升为主要病虫草害。如目前一些地方在大葱上发生的灯蛾类、甜菜夜蛾、甘蓝夜蛾、棉铃虫等虫害及大葱疫病、灰霉病、黑斑病等病害均使部分地块遭受巨大损失。又如目前联合机收后有大量的麦秸、麦糠留在田间，种植夏玉米后，容易造成玉米苗期二点委夜蛾大发生，对玉米危害较大。

7. 农药市场不规范 农药是控制农作物重大病虫草危害，保障农业丰收的重要生产资料，农药又是一种有毒物质，如果管理不严、使用不当，就可能对农作物产生药害，甚至污染环境，危害人、畜健康和生命安全。目前农药经营市场主要存在以下问题：

(1) 无证经营农药 个别农药经营户法制意识淡薄，对农药执法认识不足，办证意识不强，经营规模较小，采取无证"游击"经营。尤其近几年不少外地经营者打着"农科院、农业大学、

高科技、农药经营厂家"的幌子直接向农药经营
门市推销农药或把农药送到田间地头。

（2）农药产品质量不容乐观 农药产品普遍
存在着"一药多名、老药新名"及假冒伪劣、过
期、标签不规范的问题，甚至有些农药经营户乱
混乱配、误导用药，导致防治效果不佳，直接损
害农民的经济利益。

（3）使用禁用或限用农药 销售和使用国家
禁用或限用农药品种的现象还时有发生。

8. 施药防治技术落后

（1）农药经营人员素质偏低 对农药使用、
病虫害发生认识不清楚，不能从病虫害发生的关
键环节入手指导防治问题，习惯于头痛治头、脚
痛医脚的简单方法防治，致使防治质量不高、防
治效果不理想。

（2）农民的施药器械落后 农民为了省钱，
在生产中大多使用落后的施药器械，其结构型
号、技术性能、制造工艺都很落后，"跑、冒、
滴、漏"严重，导致雾滴大、雾化质量差，很难
达到理想的防治效果。

二、农作物病虫害综合防治的基本原则

农作物病虫害防治的出路在于综合防治，防治的指导思想核心应是压缩病虫害所造成的经济损失，并不是完全消灭病虫害源，所以，采取的措施应对生产、社会和环境乃至整个生态系统都是有益的。

1. 坚持病虫害防治与栽培管理有机结合的原则　种植作物的目的是为了追求高产、优质、低成本，从而达到高效益。首先应考虑选用高产、优质品种和优良的耕作制度、栽培管理措施来实现；再结合具体实际的病虫害综合防治措施，摆正高产、优质、低成本与病虫害防治的关系。若病虫草害严重影响作物优质、高产，则栽培措施要服从病虫害防治措施。同样，病虫害防治的目的也是优质、高产，只有两者有机结合，即把病虫害防治措施寓于优质、高产栽培措施之中，病虫草防治要照顾优质、高产，才能使优质、高产下的栽培措施得到积极的执行。

2. 坚持各种措施协调进行和综合应用的原则　利用生产中各项高产栽培管理措施来控制病

虫害的发生，是最基本的防治措施，也是最经
济、最有效的防治措施，如轮作、配方施肥、肥
水管理、田间清洁等。合理选用抗病品种是病虫
害防治的关键，在优质、高产的基础上，选用优
良品种，并配以合理的栽培措施，就能控制或减
轻某种病虫害的危害。生物防治即直接或间接地
利用自然控制因素，是病虫草害防治的中心。在
具体实践中，要协调好化学用药与有益生物间的
矛盾，保护有效生物在生态系统中的平衡作用，
以便在尽量少地杀伤有益生物的情况下去控制病
虫草害，并提供良好的有益生物环境，以控制害
虫和保护侵染点，抑制病菌侵入。在病虫草害防
治中，化学防治只是一种补救措施，也就是运用
了其他防治方法之后，病虫害的危害程度仍在防
治水平标准以上，利用其他措施也功效甚微时，
就应及时采用化学药剂控制病虫害的流行，以发
挥化学药剂的高效、快速、简便又可大面积使用
的特点，特别是在病虫害即将要大流行时，也只
有化学药剂才能担当起控制病虫害的重任。

3. 坚持预防为主，综合防治的原则 要把
预防病虫害的发生措施放在综合防治的首位，控

制病虫害在发生之前或发生初期，而不是待病虫害大发生之后才去防治。必须把预防工作放在首位，否则，病虫害防治就处于被动地位。

4. 坚持综合效益第一的原则 病虫害的防治目的是保质、保产，而不是灭绝病虫生物，实际上也无法灭绝。故此，需化学防治的一定要进行防治，一定要从经济效益即防治后能否提高产量、增加收入，是否危及生态环境及人、畜安全等综合效益出发，去进行综合防治。

5. 坚持病虫害系统防治原则 病虫害存在于田间生态系统内，有一定的组成条件和因素。在防治上就应通过某一种病虫或某几种病虫的发生发展进行系统性的防治，而不是孤立地考虑某一阶段或某一两种病虫去进行防治。其防治措施也要贯穿到整个田间生产管理的全过程，决不能在病虫害发生后才考虑进行病虫害的防治。

三、病虫害防治工作中需要采取的对策

1. 抓好重大病虫害的监测，提高预警水平
要以农业部建设有害生物预警与控制区域站项目为

契机，配备先进仪器设备，提高监测水平，增强对
主要病虫害的预警能力，确保预报准确。并加强与
广电、通信等部门的联系与合作，开展电视、信息
网络预报工作，使病虫害预报工作逐步可视化、网
络化，提高病虫害发生信息的传递速度和病虫害测
报的覆盖面，以增强病虫害的有效控制能力。

2. 提高病虫害综合防治能力

（1）要增强国家公益性植保技术服务手段
以科技直通车、农技"110""12316"等技术服
务热线电话、科技特派员、电视技术讲座等形式
加强对农民技术指导和服务。

（2）建立和完善县、乡、村和各种社会力量
如龙头企业、中介组织等，参与的植保技术服务
网络，扩大对农民的服务范围。

（3）加快病虫害综合防治技术的推广和普及
提高农民对农作物病虫害防治能力，确保防治
效果。

**3. 加强技术培训，提高农技人员和农民的
科技素质**

（1）加强农业技术人员的培训 以提高他们
的病虫综合防治的技术指导能力。

（2）**加强职业农民的培训**　以办培训班、现场会、田间学校及"新型农民培训工程"项目的实施这个平台等多种形式广泛开展技术培训，指导农民科学防治，提高他们的病虫害综合防治素质，并指导农民按照《农药安全使用规定》和《农药合理使用准则》等有关规定合理使用农药，从根本上改变农民传统的施药理念，全面提高农民的施药水平。

（3）**要特别加强对植保服务组织的培训**　使之先进的防治技术能及时应用到生产中去，以较低的成本发挥最大的效益。

4. 加强农药市场管理，确保农民用上放心药

（1）**加强岗前培训，规范经营行为**　为了切实规范农药经营市场，凡从事农药经营的单位必须经农药管理部门进行经营资格审查，对审查合格的要进行岗前培训，经培训合格后方能持证上岗经营农药。通过岗前培训学习农药法律、法规，普及农药、植保知识，大力推广新农药、新技术，对农作物病虫害进行正确诊断，对症开方卖药，以科学的方法指导农民进行用药防治。

（2）**加大农药监管力度**　农药市场假冒伪劣

农药及国家禁用、限用农药屡禁不止的重要原因
是没有堵死"源头",因此,加强农药市场监督
管理,严把农药流通的各个关口,确保广大农民
用上放心药。

5. 大力推广无公害农产品生产技术 近几
年全国各地在无公害农产品的管理及技术推广上
取得了显著成效。在此基础上,要进一步加大无
公害农产品生产技术的推广力度,重点推广农业
防治、物理防治、生物防治、生态控制等综合措
施,合理使用化学农药,提倡生物、植物源农
药,确保创建无公害农产品生产基地示范县成
果,保证向市场提供安全放心的农产品。

**6. 加大病虫害综合防治技术的引进、试验、
示范力度** 按照引进、试验、示范、推广的原
则,加大植保新技术、新药剂的引进、试验、示
范力度,及时向广大农民提供看得见、摸得着的
技术成果,使病虫综合防治新技术推广成为农民
的自觉行动;同时,建立各种技术综合应用的试
验示范基地,使其成为各种综合技术的组装车
间,农民学习新技术的田间学校,优质、高产、
高效、安全、生态农业的示范园区。

第二十八讲
农作物病虫害绿色防控技术

农作物病虫害绿色防控技术其内涵就是按照"绿色植保"理念，采用农业防治、物理防治、生物防治、生态调控以及科学、合理、安全使用农药的技术，达到有效控制农作物病虫害，确保农作物生产安全、农产品质量安全和农业生态环境安全。

控制有害生物发生危害的途径有以下三个：

①消灭或抑制其发生与蔓延。

②提高寄主植物的抵抗能力。

③控制或改造环境条件，使之有利于寄主植物而不利于有害生物。

一、绿色防控技术

具体防控技术如下：

1. 严格检疫 防止检疫性病害传入。

2. 种植抗病品种 选择适合当地生产的高产、抗病虫害、抗逆性强的优良品种，这是防病虫、增产、提高经济效益的最有效方法。

3. 农业防治技术 采用农业措施，实施健身栽培技术。通过非化学药剂种子处理，培育壮苗，加强栽培管理，中耕除草，秋季深翻晒土，清洁田园，轮作倒茬、间作套种等一系列农业措施，创造不利于病虫发生发展的环境条件，从根本上控制病虫的发生和发展，起到防治病虫害的作用。具体措施：

（1） 实行轮作倒茬。

（2）合理间作 如辣椒与玉米间作。

（3）田间清洁 及时将病虫组织残体从田间清除。

（4）适时播种 播种前可适时晒种、温汤浸种。

（5） 起垄栽培。

（6） 合理密植。

（7）平衡施肥 增施腐熟好的有机肥，配合施用磷、钾肥，控制氮肥的施用量。

（8）合理灌水。

（9）带药定植。

（10）嫁接防病。

（11）**保护地栽培** 合理放风，通风口设置细纱网。

（12）**合理修剪** 做好支架、吊蔓和整枝打杈工作。

（13）**果树主干涂白** 用水 10 份、生石灰 3份、食盐 0.5 份、硫黄粉 0.5 份。

（14）地面覆草。

（15）**太阳能土壤消毒技术** 采用翻耕土壤，撒施石灰氮、秸秆，覆膜进行土壤消毒，防控枯萎病、根腐病、根结线虫病。

4. 物理防治技术 应尽量利用灯光诱杀、色彩诱杀、性诱剂诱杀、机械捕捉害虫等物理措施。

（1）**色板诱杀** 黄板诱杀蚜虫和粉虱；蓝板诱杀蓟马。

（2）**防虫网阻隔保护技术** 在通风口设置或育苗床覆盖防虫网。

（3）果实套袋保护。

5. 生态防控技术 适时利用生态防控技术，在保护地栽培中及时调节棚室内温湿度、光照、空气等，创造有利于作物生长，不利于病虫害发生的条件。

(1)"五改一增加" 即改有滴膜为无滴膜；改棚内露地为地膜全覆盖种植；改平畦栽培为高垄栽培；改明水灌溉为膜下暗灌；改大棚中部通风为棚脊高处通风；增加棚前沿防水沟。

(2)冬季灌水掌握"三不浇三浇三控"技术 即阴天不浇晴天浇；下午不浇上午浇；明水不浇暗水浇；苗期控制浇水；连续阴天控制浇水；低温控制浇水。

6. 生物防治技术 充分利用微生物防控技术。

(1)天敌释放与保护利用技术 保护利用瓢虫、食蚜蝇来控制蚜虫；捕食螨控制叶螨，防效75％以上；丽蚜小蜂控制蚜虫、粉虱；花绒坚甲、啮小蜂控制天牛；赤眼蜂控制玉米螟，防效70％等。

(2)微生物制剂利用技术 尽可能选微生物农药制剂。微生物农药既能防病治虫，又不污染环境和毒害人、畜，且对于天敌安全，对害虫不产生抗药性。如枯草芽孢杆菌防治枯萎病、纹枯病；哈茨木霉菌防治白粉病、霜霉病、枯萎病等；寡雄腐霉防治白粉病、灰霉病、霜霉病、疫病等；核型多角体病毒防治夜蛾、菜青虫、棉铃虫等；苏云金杆菌防治棉铃虫、水稻螟虫、玉米螟等；绿僵菌防治金龟子、蝗虫等；白僵菌防治玉米螟等；淡紫拟青霉防治线虫等；厚垣轮枝菌防治线虫等。还有中等毒性以下的植物源杀虫剂、拒避剂和增效剂。特异性昆虫生长调节剂也是一种很好的选择，它的杀虫机理是抑制昆虫生长发育，使之不能蜕皮繁殖，对人、畜毒性度极低。以上这几类化学农药，对病虫害均有很好的防治效果。

7. 抗生素利用技术 如宁南霉素防治病毒病；申嗪霉素防治枯萎病；多抗霉素防治枯萎病、白粉病、稻纹枯、灰霉病、斑点落叶病；甲氨基阿维菌素苯甲酸盐（甲维盐）防治叶螨、线虫；链霉素防治细菌病害；宁南霉素、嘧肽霉素防治病毒病；春雷霉素防治稻瘟病；井冈霉素防治水稻纹枯。

8. 植物源农药、生物农药应用技术 印楝素防治线虫；辛菌胺防治稻瘟病、病毒病、棉花枯萎病，拌种喷施均可并安全高效；地衣芽孢杆菌拌种包衣防治小麦全蚀病、玉米粗缩病、水稻黑条矮缩病等安全持效；香菇多糖防治烟草、番茄、辣椒病毒病，安全高效。

9. 植物免疫诱抗技术 如寡聚糖、超敏蛋白等诱抗剂。

10. 化学农药防治技术 在其他措施无法控制病虫害发生发展的时候，就要考虑使用有效的化学农药来防治病虫害。使用的时候要遵循以下原则：

(1) 科学使用化学农药 选择无公害蔬菜生产允许限量使用的，高效、低毒、低残留的化学农药。安全使用农药（严禁使用高毒、高残留农药品种，国家 2015 年 4 月 25 日已经有了新规定，严重使用高毒剧毒农药将被行政拘留），确保农药使用安全间隔期。

(2) 对症下药 在充分了解农药性能和使用方法的基础上，确定并掌握最佳防治时期，做到适时用药。同时要注意不同物种类、品种和生育阶段的耐药性差异，应根据农药毒性及病虫草害的发生情况，结合气候、苗情，选择农药的种类和剂型，严格掌握用药量和配制浓度，只要把病虫害控制在经济损害水平以下即可，防止出现药害或伤害天敌。提倡不同类型、种类的农药合理交替和轮换使用，可提高药剂利用率，减少用药次数，防止病虫产生抗药性，从而降低用药量，减轻环境污染。

(3) 合理混配药剂 采用混合用药方法，能达到一次施药控制多种病虫危害的目的，但农药混配时要以保持原药有效成分或有增效作用，不产生剧毒并具有良好的物理性状为前提。

二、 主要病害防治常用高效低毒药剂

1. 锈病、白粉病 烯唑醇、戊唑醇、丙环唑、腈菌唑。

2. 黑粉病 锈病药剂用多抗霉素 B 或地衣芽孢杆菌拌种或包衣，兼治根腐、茎基腐。

3. 小麦赤霉病 扬花期喷咪鲜胺、酸式络

氨铜、氰烯菌酯、多菌灵。

4. 小麦全蚀病 硅噻菌胺、地衣芽孢杆菌、咯菌腈、戊唑醇。

5. 小麦纹枯病 烯唑醇、腈菌唑、氯啶菌酯、丙环唑。

6. 稻瘟病 辛菌胺醋酸盐、井冈·多菌灵、三环唑、枯草芽孢杆菌。水稻属喜硼喜锌作物，全国90％的土地都缺锌、缺硼。以上药物加上高能锌、高能硼既增强免疫力又增产改善品质。

7. 水稻纹枯病 络氨铜、噻呋酰胺、己唑醇。

8. 稻曲病 井·蜡质芽孢杆菌、氟环唑、酸式络氨铜。

9. 甘薯、马铃薯、麻山药、铁棍山药、白术等黑斑、糊头黑烂、疫病 用辛菌胺水剂或吗胍·硫酸铜加高能钙。既治病治本又增产提高品质。

10. 苗期病害及根部病害 嘧菌酯、噁霉·甲霜灵。烂根死苗用嘧啶核苷类抗生素水剂或吗胍·硫酸铜加高能锌。既治病治本又增产提高品质。

11. 炭疽病、褐斑黄斑病 咪鲜胺、腈苯唑、苯甲·醚菌酯、辛菌胺、络氨铜。以上药物加上高能锰、高能钼，既能打通维管束又能高产，彻治病治本，提高品质。

12. 灰霉病、叶霉病 嘧霉胺、嘧菌环胺、烟酰胺、啶菌噁唑、啶酰菌胺、多抗霉素、农用链霉素、百菌清。

13. 叶斑病、白绢病、白疫病 辛菌胺醋酸盐、络氨铜、苯醚甲环唑、嘧菌·百菌清、代森锰锌、烯酰吗啉、肟菌酯。因以上病多伴随缺铜离子、锌离子，所以以上药物加上高能铜、高能锌，能提质增产又治病治本。

14. 枯黄萎病、萎枯病、蔓枯病 咪鲜胺、地衣芽孢杆菌、多·霉威、多菌灵、咯菌腈、辛菌胺醋酸盐。因以上病多伴随缺钾、缺钼离子，以上药物加上高能钾、高能钼，既能打通维管束又能增产，还能彻底治疗和预防该病，且改善品质。

15. 菌核病 啶酰菌胺、氯啶菌酯、咪鲜胺、菌核净、络氨铜、硫酸链霉素。

16. 霜霉病、疫霉病 烯酰吗啉、氟菌·霜霉威、吡唑醚菌酯、氰霜唑、烯酰·吡唑酯、多抗霉素 B、碳酸氢钠水溶液。

17. 广谱病毒病、水稻黑条矮缩病毒、玉米粗缩病毒病、瓜菜银叶病毒病 吗胍·硫酸铜、香菇多糖、菇类多糖·钼、辛菌胺。

18. 果树腐烂病 酸式络氨铜、多抗霉素、代森铵、抑霉唑、甲硫·萘乙酸、辛菌胺。

19. 苹果烂果病 多抗霉素 B 加高能钙、酸式络氨铜加高能硼。

20. 果树根腐病 噻呋酰胺、吗胍·硫酸铜、井冈·多菌灵。以上药物加上高能钼，既能打通维管束又能高产，彻底治疗和预防根腐、杆枯、枝枯。

21. 草莓根腐病 地衣芽孢杆菌、辛菌胺、苯醚甲环唑。以上药物加上高能钼，既能打通维管束又能高产，彻底治疗和预防根腐、蔓枯、茎枯。

22. 细菌病害 辛菌胺、喹啉铜、噻菌铜、可杀得（氢氧化铜）、氧化亚铜（靠山）、链霉素、新植霉素、中生菌素、春雷霉素。细菌病害大多易软腐、水渍，易造成缺硼、缺钙症，以上药物加上钙和硼既能彻底治病又能增产。

23. 线虫病害 甲基碘（碘甲烷）、氧硫化碳、硫酰氟（土壤熏蒸）、噻唑膦、甲维盐、敌百虫、吡虫·辛硫磷、辛硫磷微胶囊 、丁硫克百威、苦皮藤乳油、印楝素乳油、苦参碱。以上药物加上高能铜，铜离子对微生物类害虫有抑制着床作用，且能补充微量铜元素，有增产效果。

24. 病毒病害 嘧肽霉素、宁南霉素、三氮唑核苷、葡聚烯糖 、菇类蛋白多糖、吗胍·硫酸铜、吗啉胍·乙酸铜、氨基寡糖素。以上药物加上高能锌，既治病快又能高产，因为作物缺乏锌元素也易得病毒病。